水土保持科学系列丛书

基于无人机摄影测量的
小流域输沙过程监测与模拟

代　文　时元智　杨　昕　雷少华◎著

河海大学出版社
HOHAI UNIVERSITY PRESS
·南京·

图书在版编目（CIP）数据

基于无人机摄影测量的小流域输沙过程监测与模拟/
代文等著. -- 南京：河海大学出版社，2023.12
　　（水土保持科学系列丛书）
　　ISBN 978-7-5630-8811-9

　　Ⅰ.①基… Ⅱ.①代… Ⅲ.①无人驾驶飞机－航空摄
影测量－应用－泥沙输移－研究 Ⅳ.①TV142-39

中国国家版本馆 CIP 数据核字（2023）第 255421 号

书　　　名	/ 基于无人机摄影测量的小流域输沙过程监测与模拟
书　　　号	/ ISBN 978-7-5630-8811-9
责任编辑	/ 曾雪梅
特约校对	/ 薄小奇
装帧设计	/ 徐娟娟
出版发行	/ 河海大学出版社
地　　　址	/ 南京市西康路 1 号（邮编：210098）
电　　　话	/ (025)83737852（总编室） （025)83722833（营销部）
经　　　销	/ 江苏省新华发行集团有限公司
排　　　版	/ 南京月叶图文制作有限公司
印　　　刷	/ 广东虎彩云印刷有限公司
开　　　本	/ 710 毫米×1000 毫米　1/16
印　　　张	/ 13.5
字　　　数	/ 240 千字
版　　　次	/ 2023 年 12 月第 1 版
印　　　次	/ 2023 年 12 月第 1 次印刷
定　　　价	/ 96.00 元

序

无人机摄影测量等空间数据获取技术的飞速发展,不仅让我们更深刻地认识地球、理解地球,也为解决地表过程中的复杂问题提供了前所未有的机会。在这个背景下,我与杨昕教授、时元智和雷少华高级工程师在前期大量实践和探索的基础上,精心推出《基于无人机摄影测量的小流域输沙过程监测与模拟》这本著作。这本著作的萌发源于对地表过程的浓厚兴趣以及对无人机摄影测量技术的深入研究。在与杰出的合作者们共同努力下,我们将这一科技与地学相融合的前沿探索呈现给读者,期望在这片知识的土壤中播下新的种子。

输沙过程的监测和模拟在流域侵蚀产沙、水土流失预报、河流泥沙携带等科学研究与应用实践中具有重要的研究意义和应用价值。特别是在当代测绘与地理信息科学的时空数据与模型支撑下,科学和合理地构建输沙过程模拟方法将为精准土壤侵蚀监测、流域过程模拟、地表物质循环和区域生态评估等研究提供基础。

本书以小流域输沙过程为研究对象,以无人机摄影测量为基本手段,提供了一套以更高的分辨率和精度来揭示地表动态变化的方法体系。从最基础的面向小流域输沙过程的无人机摄影测量方法到高精度 DEM 的建立,再到地形变化的检测和对黄土小流域侵蚀量的有效评估,我们不仅在实践中积累了丰富的经验,更在理论和方法上取得了突破。在这个过程中,本书着重强调了误差对地形变化检测的影响,为我们提供了更加精确和可靠的监测手段。这种方法的引入不仅为小流域地表过程的研究提供了新的思路,同时也在方法学上为其他地学研究领域提供了借鉴。

同时,本书在质量守恒原理的框架下,巧妙地将地形变化量和泥沙搬运过程相结合。通过构建在像元尺度模拟泥沙搬运路径和不同路径泥沙分配量的整套方法框架,我们不仅能够更全面地把握泥沙的搬运过程,还能更深入地理解流域地貌的动态发育、洞悉流域物质流和信息流的传输过程。这一创新性的方法和理念，不仅为理解地表过程提供了新的视角，更为由地形变化结果反演地表过程的研究范式提供了新的思路，为地学研究领域注入新的思想和活力。

通过前沿的对地观测技术，我们希望读者能够对地球表面的动态变化有更为全面和深刻的认识。最后，我要感谢所有为这本书付出心血的合作者，你们的才华和付出让这本著作更加丰富和深刻。同时，对所有关心地表过程研究的同行们表示诚挚的感谢！将这份心血凝结成字，呈现给读者，是我深感欣慰的事情！愿这本《基于无人机摄影测量的小流域输沙过程监测与模拟》为读者带来启迪，为地表过程研究贡献一份微薄之力！

代文

2023 年 12 月

前　　言

　　小流域既是天然的地理单元，又是流域管理的基本单元，更是水沙治理等工程措施的重点实验单元。前人在小流域侵蚀产沙机制与建模方面开展了一系列研究，但是在输沙过程的空间化模拟方面还很欠缺。对输沙过程的模拟在流域侵蚀产沙、水土流失预报、河流泥沙携带等科学研究与应用实践中具有重要的研究价值和应用意义。特别是在当代测绘与地理信息科学的时空数据与模型支撑下，科学和合理地构建输沙过程模拟方法将为精准土壤侵蚀监测、流域过程模拟、地表物质循环、区域生态评估等研究提供基础。前人研究受研究数据和方法的限制，目前仍没有提出一套从小流域侵蚀监测到反演输沙过程的方法体系。对小流域侵蚀监测和输沙过程模拟的进一步研究，有望在流域地表过程、土壤侵蚀和水土保持规划等领域取得突破性进展。

　　本书首先建立了面向小流域输沙过程监测的无人机摄影测量优化方法；然后，基于上述方法建立了高精度 DEM，提出顾及误差空间自相关的地形变化检测方法，实现了对黄土小流域侵蚀量的有效评估；最后，在质量守恒原理的框架下将地形变化量和泥沙搬运过程联系起来，构建了在像元尺度模拟泥沙搬运路径和不同路径泥沙分配量的整套方法框架，探索了由地形变化结果反演地表过程的研究范式，取得了相应的研究成果。本书主要研究成果如下：

　　（1）总结了水流泥沙质量守恒原理的基本概念，分析了将其应用于黄土高原小流域的应用条件。在应用水流泥沙质量守恒原理反推输沙过程时，高精度 DEM 是重要的数据基础，同时，需要厘清研究区风力侵蚀、水力侵蚀和风力沉积之间的主次关系。

（2）针对消费级无人机，探索了相机倾角、航高、直接地理定位技术和控制点质量对高程精度的影响，提出了面向输沙过程监测的无人机摄影测量精度优化方法。实验结果表明，在无控制测量的情况下，倾斜摄影（特别是相机倾角大于 20°时）有利于降低相机畸变参数相关性，减少系统误差，改善高程精度；航高对高程精度的影响与相机倾角有关，使用倾斜摄影时，有利于降低高程精度对航高变化的敏感性。在有控制点的情况下，一方面，要使用蒙特卡罗检测对控制点质量进行评估和筛选；另一方面，相对于垂直摄影，倾斜摄影需要更多的控制点才能使高程精度达到稳定。在野外实际应用时，可根据以上实验结果灵活选取测量方案，提高测量精度。

（3）提出了顾及误差空间自相关的地形变化检测方法，探索了显著性分割和误差空间自相关对地形变化检测的影响，实现了对小流域侵蚀产沙量的有效测算。实验结果表明，显著性阈值分割对地形稳定区域的毛侵蚀量和毛沉积量的计算至关重要，但对净侵蚀量的影响不大。考虑到小流域中往往既有稳定区域又有侵蚀和沉积区域，在做地形变化检测时应使用显著性阈值分割。无人机摄影测量的高程误差存在一定程度的空间自相关。通过蒙特卡罗光束平差模拟可以得到无人机摄影测量的误差空间分布。在进行地形变化检测时，使用误差空间分布代替中误差进行误差传播和检测可以提高检测结果的可靠性。

（4）依据黄土小流域的径流特征，构建了基于地形变化检测的小流域输沙过程模拟方法，实现了对泥沙搬运路径和搬运量（即输沙率空间分布）的有效评估。该方法包含两个子方法，即一维（纵剖面）方法和二维（空间）方法。一维方法将每个截面内的地形变化量累加并向下游传播，即从纵剖面（上游到下游）的视角查看输沙率的变化。这种方法可以反映输沙率从上游到下游的一个整体变化趋势。输沙率随上下游距离（或出水口距离）的变化情况可以反映不同沟道段的侵蚀情况和支沟发育情况。二维方法即从像元尺度推演泥沙的搬运情况。如何根据不同的地表径流过程设计泥沙的路径分配算法是本方法的核心。本书探索了不同路径分配算法在坡面区域和沟道区域的有效性。实验结果表明,在坡面区域应当使用基于坡度指数的多流向算法;在沟道区域应当使用基于水力模拟的路径分配算法;对于整个小流域的输沙率空间分布模拟,应当使用二者的耦合方法。使用上述方法在模拟小流域输沙过程时,输沙率出现负值(质量不守恒)的比例仅为 0.67%~9.97%。这一结果验证了本方法的合理性。此外,本书还讨论了上述方法的适用条件,以及地形变化检测、DEM 的时间和空间分辨率、土壤容重空间差异、模型参数化等对该方法的影响。

(5) 通过四个野外实测小流域验证了小流域输沙过程模拟方法,分析了输沙率的空间分布与小流域特征指标的关系,并以泥沙连通性为例展示了输沙率空间分布的应用。实验结果表明该方法在野外实测样区中也能有效模拟泥沙在空间上的输移情况,四个样区中质量不守恒的区域面积占比仅在 2.53%~7.85% 之间,且多为人类活动影响区。在输沙率的空间分布方面,通过相关性分析发现其与上游汇水面积、上游汇水区狭长度以及三个水文参数(SPI、TWI、LS)成正相关。在应用方面,输沙率的空间分布和依据其计算的泥沙连通性等已经为地表过程研究带来了新的发展。

本书提出了从小流域侵蚀监测到输沙过程模拟的一整套方法体系,探索了从地形变化结果反演地表过程的研究范式,实现了对输沙过程的有效模拟,将输沙率的监测研究推进到了像元水平。输沙率的空间分布反映了地表物质在空间上的交换情况,为地表过程研究带来了新的发展。

本书的出版得到了国家自然科学基金项目(42301478,42171402,41930102,42101384)、江苏省自然科学基金项目(BK20210043)、江苏省先进光学制造技术重点实验室开放基金项目(KJS2141)、南京水利科学研究院中央级公益性科研院所基本科研业务费专项资金项目(Y922003)的资助。

南京师范大学汤国安教授、盛业华教授、韦玉春教授、李发源教授、熊礼阳教授、李思进博士、赵飞博士,西安理工大学李占斌教授,北京师范大学符素华教授,西北大学杨勤科教授、王雷副教授,滁州学院黄骁力副教授、位宏博士,浙江师范大学胡光辉博士,对本书的完成给予了诸多具体的指导与帮助,作者在此深表感谢。

无人机摄影测量技术和小流域输沙过程模拟研究还在不断发展之中,同时由于时间仓促,作者水平有限,书中难免存在不足之处,恳请读者批评指正。

作者

2023 年 12 月

目　　录

第1章

绪　论

1.1　问题的提出

在地表过程中,物质和能量在崎岖不平的地貌形态、地带变化的气候条件、空间差异的植被覆盖等内外动力因素的共同作用下,形成了地球系统科学当中独特的传输过程与迁移机制。黄土高原是全球地表物质交换最频繁、形态变化最剧烈的区域之一。黄土高原地区地表物质以黄土为主。由于第四纪以来黄土的广泛堆积,在黄土高原区域内形成了连续广泛分布的黄土地貌[1]。黄土地貌主要包括以黄土塬、梁、峁发育为主体的沟间地地貌和沟壑纵横的沟谷侵蚀地貌[2]。黄土高原黄土地貌,沟壑纵横、植被稀疏、侵蚀剧烈,是我国输沙量最大的区域,是典型的地表物质迁移过程研究区。小流域既是天然的地理单元,又是流域管理的基本单元,更是水沙治理等工程措施的重点实验单元。因此,在地表物质迁移过程研究中,往往以小流域为研究对象[3-4]。

土壤侵蚀是引起黄土小流域地表物质迁移的主要原因。土壤侵蚀造成水土流失、降低土地肥力、威胁农业生产、破坏区域生态环境,给国家和人民带来经济损失。土壤侵蚀一直是地理学的重点研究内容。对土壤侵蚀过程的研究是一个重要的科学问题,具有较高的社会应用价值和经济价值。学者们在黄土小流域土壤侵蚀监测、侵蚀产沙机制以及侵蚀模型等方面开展了大量研究[5-7]。土壤侵蚀监测是研究侵蚀产沙机制和建立侵蚀模型的基础。早期学者主要使用卷尺对侵蚀沟的长度、深度和面积等进行测量,然后估算侵蚀体积;或者使用钢钎法监测沟头等特定点位的侵蚀变化情况[8]。后来随着大地测量和遥感技术的发展,学者们也提出了基于遥感影像或者数字高程模型(Digital Elevation Model,DEM)的侵蚀监测和侵蚀量评估方法[6,9-11]。其中,基于 DEM 的侵蚀监测方法由于可直接获取侵蚀量等三维信息,已经在土壤侵蚀领域得到广泛应用。

水力侵蚀是黄土小流域土壤侵蚀的主要类型。水力侵蚀有两个阶段:一是侵蚀阶段,即水流对泥沙的分离;二是搬运阶段,即水流对泥沙的搬运。在侵蚀阶段,当径流剪切力大于泥沙起动的临界抗剪切力时,表层土壤被水流分离,土壤侵蚀发生[12,13]。在搬运阶段,只有水流实际的携沙量小于其径流输沙能力(即水流能携带的最大泥沙量)时,泥沙才能持续运输到下游区域,否则泥沙将沉积[14]。

随着对侵蚀产沙机制研究的深入,学者们提出了各种土壤侵蚀产沙模型,如,通用土壤流失方程[15](Universal Soil Loss Equation,USLE)、水蚀预报模型[16](Water Erosion Prediction Project,WEPP)和欧洲土壤侵蚀模型[17](European Soil Erosion Model,EUROSEM)等。上述土壤侵蚀产沙模型已经能较好地对水力侵蚀的第一阶段进行模拟,在侵蚀量预测方面已经取得了诸多应用成果。但上述模型在输沙过程的模拟方面还很欠缺。例如,USLE仅能预测土壤侵蚀量,无法给出泥沙的搬运路径和搬运量[18];WEPP虽然考虑了泥沙的搬运过程,可以预测侵蚀量和沉积量,但是无法对物质传输的主要通道——河道和沟道区域进行模拟和预测[19]。

学者们希望对小流域的输沙过程有一个清晰的认知,不仅要知道泥沙的侵蚀量,还要知道侵蚀产生的泥沙的搬运路径和每个路径的搬运量。泥沙的搬运路径和搬运量反映了地表物质的交换情况,是量化地球表层物质和能量传输的重要参考。对泥沙搬运过程的模拟在流域侵蚀产沙[20]、水土流失预报[21]、河流泥沙携带[22]等科学研究与应用实践中具有重要的研究意义和应用价值,特别是在当代测绘与地理信息科学的时空数据与模型支撑下,科学和合理地构建输沙过程模拟方法将为精准土壤侵蚀监测[23]、流域过程模拟[14]、地表物质循环[24]、区域生态评估[25]等研究提供基础。

随着无人机摄影测量(UAV Photogrametry)、三维激光测距(Light Detection and Ranging,LiDAR)和合成孔径雷达干涉测量(Interferometric Synthetic Aperture Radar,InSAR)等数据获取技术的发展,大面积获取高精度和高分辨率DEM变得越来越容易,为地表过程研究带来了新的机遇。要量化地表物质的搬运过程,就要求DEM的分辨率和精度足够高。基于多期高精度DEM可以监测沟壑侵蚀产生的地形变化。地形变化是泥沙搬运的结果。得到地形变化量之后,依据水流泥沙质量守恒原理[26,27],有希望反演泥沙的输移过程[24,28]。但是这种思路仍面临一些问题和挑战。在基于DEM的侵蚀监测中,如何区分测量误差引起的变化和真实的地形变化?如何量化误差对沟壑侵蚀监测的影响?得到小流域的侵蚀量或地形变化量之后如何将其和泥沙的搬运过程联系起来？小流域地表径流是多过程耦合的复杂过程，在不同的径流过程中泥沙搬运过程是否有差异？如何在不同的径流过程下推演泥沙的搬运路径和搬运量？

本研究源自国家自然科学基金重点项目"面向地貌学本源的数字地形分析理论与方法研究"和青年科学基金项目"基于增值型 DEM 的黄土小流域输沙过程高分辨率量化模型研究"。作者多年来围绕着高精度 DEM 建模、基于无人机的沟壑侵蚀监测、数字地形分析方法等领域开展了一系列研究并取得了相应的研究成果[29-32]。在此基础上，本书以黄土小流域为研究对象，借助质量守恒原理的思想和地貌学、土壤学、水文学的相关理论和方法，将实测地形变化量和泥沙搬运过程联系起来，构建输沙过程模拟方法，探索从地形变化结果反演地表过程的科学研究范式，推动流域地表过程研究，丰富数字地形分析的理论与方法。

1.2　研究意义

对黄土小流域侵蚀监测和输沙过程模拟研究的意义在于：

（1）小流域侵蚀监测是水土保持工作的重要内容。本研究提出了一套适用于黄土小流域的侵蚀监测和评价方法，可为土壤侵蚀、地貌过程、生态系统等研究提供重要的数据和方法支撑，同时也可应用于水土保持工程规划与评估，具有重要的学术价值和社会价值。

（2）对小流域的输沙过程进行模拟，不仅是理解土壤侵蚀机制和输沙空间差异的基础，同时也是小流域地表物质流和信息流研究的重要内容。泥沙作为最基本的地表物质和信息载体，其在空间上的搬运路径和搬运量本质上反映的是地表物质的交换强度。通过空间上分布的地表物质交换强度，我们可以识别地貌系统内地貌过程的时空差异，可以洞悉地表物质流和信息流的传输，并将其应用于水土保持、流域生态保护、农业生产规划、土壤污染防治等多个领域。

（3）构建从地形变化中反演小流域输沙过程的方法是对数字地形分析研究范式转型的一次有益探索。本研究通过一系列方法创新，提供一套完整的时间序列地形数据处理方法，实现对地形数据的充分挖掘。这不仅对小流域侵蚀产沙输沙过程研究具有重要推动作用，同时也给出了运用时间序列地形数据反演地貌过程的典型案例,进而对数字地形分析从基于 DEM 的形态格局研究走向地貌过程研究的研究范式转型提供了一次有益的探索。

1.3 研究现状综述

本节主要从小流域侵蚀产沙过程、小流域侵蚀监测、无人机摄影测量、地形变化检测和基于 DEM 的数字地形分析五个方面对研究现状进行梳理,并讨论现有研究存在的问题及可深入研究的研究点。

1.3.1 小流域侵蚀产沙过程研究

水土流失威胁农业生产,影响区域生态环境,对国家和人民造成经济损失。降雨和地表径流是引起水土流失和产沙的主要因素[33,34]。小流域是水土流失防治的基本单元,学者们对小流域侵蚀产沙过程进行了大量研究。本节从侵蚀产沙机制研究和土壤侵蚀产沙建模与模拟研究两个方面对前人研究进行系统性的梳理。

（1）侵蚀产沙机制研究

地表径流侵蚀产沙过程可以分为两个阶段,一是水流对泥沙的分离,二是水流对泥沙的搬运。当径流剪切力大于泥沙起动的临界抗剪切力时,表层土壤被水流分离,土壤侵蚀发生[12,13]。水流对土壤的分离能力主要与地形、水流的水力特征和土壤特性三方面有关。地形方面,坡度、上游汇水面积、沟道宽度等因子影响着水流的流速、水深等[7,13,35],进一步影响了水流的剪切力。此外,地形也影响着土壤的抗蚀性[36,37]。水力特征方面,水流剪切力是引起土壤侵蚀的主要动力。在著名的基于物理过程的水蚀预报模型（WEPP）中,土壤分离能力也通过作用于土壤的水流切应力的线性函数来描述[38,39]。土壤侵蚀实际上是水流对土壤做功的过程。因此,学者们也从做功的角度讨论了水流对土壤的分离能力,讨论了水流功率、单位水流功率等与水流分离能力的关系[40-42]。著名的欧洲土壤侵蚀模型（EUROSEM）即采用了单位水流功率作为水动力的指标[17]。土壤特性方面,水流对土壤的分离过程主要发生在土壤表层。因此,土壤类型、容重、土壤黏结力、有机质含量、团聚体、土壤含水量、入渗率、土地利用方式、植被根系等均影响着水流对土壤的分离过程[43-47]。

而水流对泥沙的搬运,一般认为,只有径流输沙能力大于实际的携沙量,水流才有可能继续分离土壤,将泥沙运输到下游区域;反之泥沙将沉积。水流输沙能力即水流能携带的最大泥沙量,与水流的水力特征和泥沙特性有关。水力特征方面,前人讨论了地形对水力特征的影响、降雨特征对水力特征的影响[48-51],建立了水流剪切力和水流功率等与水流输沙能力的关系,并进行了输沙能力预测[49,52,53]。泥沙特性方面,研究表明泥沙颗粒的中数直径、机械组成、密度、形状、表面粗糙度等指标与输沙能力关系密切[48,54,55]。

水流对泥沙的搬运方式有推移和悬移两种。根据搬运方式的不同,可以将泥沙分为推移质和悬移质[56]。粒径是影响泥沙搬运方式的主要因素之一[57]。泥沙颗粒的重量与其粒径大小成三次方正比关系[56];径流作用于泥沙颗粒的摩擦力、上举力、形状阻力等面积力与其粒径大小成二次方正比关系[56];重量和泥沙颗粒的受力进一步决定了泥沙的搬运方式。前人研究表明,当泥沙颗粒粒径小于 0.031 mm 时主要以悬移质方式搬运,粒径大于 0.031 mm 时主要以推移质方式搬运[58,59]。也有学者提出泥沙的搬运方式与水流功率有关[14,60],当水流功率小于 0.1 W/m^2 时,泥沙颗粒只以悬移和跃移的形式搬运;而当水流功率大于 0.1 W/m^2 时,部分泥沙颗粒随着水流开始做推移运动[61];当水流功率进一步增大,越来越多的泥沙颗粒以推移的形式进行搬运,即泥沙的运动方式在一定条件下是可以改变的[61]。同一泥沙在某一时刻可能以推移的形式运动,在另一时刻可能以悬移的形式运动,推移质和悬移质在运动的过程中可能存在不断交换的现象[62]。

(2)土壤侵蚀产沙建模与模拟研究

随着人们对侵蚀产沙机制和规律认识的深入,对流域水土流失的管理逐渐从简单的监测评价过渡到了基于计算机的系统模拟和预测,各类土壤侵蚀产沙模型相继出现。土壤侵蚀产沙模型可分为经验统计模型(也称参数模型)和物理成因模型(也称数学物理模型)两大类[63,64]。经验统计模型利用数理统计理论,通过对观测资料的分析,建立土壤侵蚀及其可能的影响因素之间的数学关系,进而预测土壤侵蚀[65]。物理成因模型根据土壤侵蚀的物理机制,建立描述土壤侵蚀产沙物理过程的数学模型,对不同条件下土壤侵蚀产沙进行预测[66]。

大部分侵蚀产沙模型都是从经验模型开始发展。土壤侵蚀产沙经验模型分为四大类,即通用土壤流失方程(USLE)及其改进模型(如 RUSLE 等)[15]、基于多元回归统计理论的经验模型[67,68]、基于随机理论的经验模型[35,66]和基于系统与控制理论的经验模型[69-71]。其中 USLE 及其改进模型最具代表性并且是应用最为广泛的。后来,刘宝元等[72,73]基于 USLE 的有关思想,根据我国水土保持实际情况,提出了中国土壤流失方程(Chinese Soil Loss Equation,CSLE)。CSLE 已经在我国水土保持领域得到了广泛的应用并取得了一系列成果[74,75]。但是,由于经验模型缺乏对侵蚀过程及其机理的深入剖析,其在不同区域的适用性不同,且不同因子间的交互作用也常常被忽略。随着对水土流失过程和机理认识的加深,机理模型逐渐出现。

土壤侵蚀产沙物理过程模型可分为集总式模型和分布式模型两类。集总式模型将流域系统作为一个整体来考虑,如侵蚀-生产力影响力模型(Erosion-productivity Impact Calculator,EPIC)[76]和欧洲土壤侵蚀模型(EUROSEM)[17]。随着研究的深入,学者们发现,不同径流过程的土壤侵蚀机制不一样,因此又发展出了分布式侵蚀产沙模型,如水蚀预报模型(WEPP)[16,38]、流域水文模型(Soil and Water Assessment Tool,SWAT)[77,78]及荷兰土壤侵蚀预报模型(Limburg Soil Erosion Model,LISEM)等[79,80]。在这些模型中,WEPP 是目前应用最广泛的模型之一,且有研究表明其对土壤侵蚀过程的模拟和预测结果优于其他同类模型[81,82]。随着地理信息系统(Geographic Information System,GIS)在土壤侵蚀模型中的广泛应用,WEPP 也出现了和 GIS 结合的版本——GeoWEPP[83],使 WEPP 模型更加成熟和便于使用。虽然 GeoWEPP 模型能较好地模拟侵蚀产沙过程,但其仅适用于小样区和非河道侵蚀[19],并且需要大量的气候、水文、土壤等数据支持,在没有完善的资料数据库的区域,使用起来十分困难[63]。

现有的各类土壤侵蚀产沙模型在侵蚀量预测、输沙能力评价等方面已经取得了广泛的应用。但是,现有模型在对输沙过程模拟(即泥沙的搬运路径和搬运量)方面还有所欠缺,并且基于单期数据和各类参数进行预测的方法不可避免地存在不确定性[84]。因此,也有学者提出了基于多期地形监测数据的输沙过程模拟方法[85](也称形态学方法,The Morphological Method)。依据水流泥沙质量守恒原理[26],在已知地形变化量的基础上,可以推算泥沙的搬运情况,即泥沙的搬运路径与搬运量[27]。该思想已在河床推移质输沙率研究中得到应用[24,28],但是,还没有针对小流域的应用。

1.3.2　小流域侵蚀监测相关研究

黄土小流域中存在水力侵蚀、风力侵蚀和重力侵蚀等多种侵蚀类型,但主要以水力侵蚀为主。沟壑侵蚀作为水力侵蚀的一种类型,是黄土高原地区最常见也是最严重的侵蚀类型。前人在沟壑侵蚀监测方面开展了一系列研究,其监测方法可以归纳为直接法和间接法两种[9]。

直接监测方法包括传统的卷尺测量、钢钎法和基于全站仪、水准仪或者全球导航卫星系统(Global Navigation Satellite System,GNSS)的大地测量手段[6]。钢钎法和卷尺测量是最原始的监测方法。使用卷尺可以对沟长、沟宽和断面等进行测量,然后根据这几个参数可以估计侵蚀面积和体积等[86]。钢钎法可以通过在沟头等部位插钎,通过多期插钎位置的变化来估计不同位置的侵蚀速率[8]。由于钢钎法和卷尺测量的精度不高,且受自然和人为影响因素大,后来的野外直接观测多基于 GNSS 等大地测量的手段[23]。利用 GNSS 可以在小范围内进行实时、高精度的地形测量[87]。但是当样区较大时,GNSS 测量的成本高、作业效率低,且在黄土高原地区,沟壑侵蚀剧烈、地形起伏大,很多区域人员无法到达,导致采样点数量少且不均匀,难以获取面上的观测数据。

间接监测方法可分为基于多期遥感影像或多期 DEM 的方法,以及径流小区的监测方法。径流小区的监测方法是选取能代表周围环境的坡面或者小流域建立集流槽、径流池等设施对区内土壤侵蚀进行观测和研究,以期解决和外推更大范围的水土流失问题[33,40]。对于大范围的监测,随着摄影测量、遥感和三维激光测距(LiDAR)等新技术的发展,获取高精度的影像数据和地形数据越来越便捷,基于遥感影像或者 DEM 的间接法在实际应用中更为广泛。

遥感影像包括航空遥感影像和卫星遥感影像。航空遥感影像平面分辨率较高,但是覆盖范围小,且一般只具有可见光波段信息。卫星遥感影像具有更多的光谱特征,且空间覆盖范围大[88]。早期的卫星遥感影像空间分辨率较低,如 Landsat TM、SPOT、ENVISAT 等。但是,近年来随着高分辨率卫星如 QuickBird 和高分 2 号等的发展,卫星遥感影像的空间分辨率已经可达分米级。高分辨率的卫星遥感影像使大面积监测沟壑侵蚀成为可能。学者们提出了大量基于遥感影像的沟壑侵蚀区域提取方法[11,89,90];然后,通过对比多期影像的侵蚀区域变化评估沟壑的发育速率和侵蚀量[91-93]。例如,Shruthi 等[94]使用卫星影像 IKONOS 和立体

GeoEye-1 数据,提出了面向对象的沟壑提取方法,并实现了基于多期数据的沟壑变化检测[91,94];李镇等[10]提出了基于 QuickBird 影像的黄土区切沟发育速率估算方法,并验证了基于高分辨率遥感影像进行沟壑侵蚀评估的可能性[95]。尽管基于遥感影像的方法可以大范围评估侵蚀沟平面上的变化和发育速率,但是却缺少如侵蚀量等三维信息。随着研究的深入,也有学者提出了通过沟谷长度和面积估算沟壑侵蚀体积的方法[96],为基于遥感影像评估侵蚀量提供了新思路。但是这种方法依赖于经验公式,其在不同区域的经验公式可能不一样,难以得到准确的侵蚀量评估。

基于多期 DEM 的监测方法既可以得到侵蚀沟在平面上的变化,又可以得到高程变化速率和侵蚀量等三维信息[97]。基于 DEM 的监测精度取决于 DEM 的质量,因此学者们首先在 DEM 的构建和质量控制方面做了大量研究。在过去,DEM 的构建主要基于野外使用全站仪或者 GNSS 实测的采样点,采样间距是影响 DEM 质量的重要因素。胡刚等[87]认为采样间距在 2 m 左右可以满足东北漫岗黑土区切沟形态测量。何福红等[98]指出测量距离 5 m 是长江中下游地区描述切沟地形的理想尺度。随着无人机摄影测量和 LiDAR 等技术的发展[99],DEM 平面分辨率达分米级,甚至厘米级,采样间距问题基本上已经被克服。相对于 LiDAR,无人机摄影测量的经济成本更低,在小流域侵蚀监测中已经得到广泛的应用。

1.3.3 无人机摄影测量相关研究

无人机(Unmanned Aerial Vehicles,UAV)早期在军事领域应用较多。后来,随着大疆等民用无人机厂商的出现,消费级无人机逐渐走进了大众的视野。由于消费级无人机的成本低,无人机和摄影测量技术相结合已经广泛应用于地形建模、地表变化监测、生态评估等地球科学领域[100-102]。随着摄影测量技术的发展,现阶段的无人机摄影测量处理方法多集成了计算机视觉中运动恢复结构(Structure-from-motion,SfM)的算法[103],因此也称 UAV-SfM 摄影测量。

对于无人机摄影测量的研究集中于影像匹配和测量精度的影响因素两方面。影像匹配指在两幅或多幅具有重叠度的影像中,通过特定的算法提取影像间同名点的过程。影像匹配是低空数字摄影测量数据处理的关键步骤,匹配质量与效率直接影响到后续数据处理的成功与否。现有的影像匹配算法可分为基于灰度的匹配、基于特征的匹配和基于深度学习的匹配方法[104]。基于灰度的影像匹配根据两幅影像之间重叠区域的灰度相似性程度来确定匹配点,是图像匹配中常用的一种方法。基于灰度的影像匹配方法包括协方差函数法、相关函数法、相关系数法、有差平方和法、不变矩匹配法、最小二乘法、网格匹配法、序列相似性检测法、归一化灰度组合法、块匹配法和比值匹配法等[105-108]。但是,基于灰度的匹配算法过于依赖影像灰度信息,对于噪声、灰度与尺度等变化较为敏感,难以满足低空无人机影像匹配的需要。

考虑到基于灰度的匹配方法的不足,学者们提出了基于特征的匹配方法。该方法通过比较重叠影像上特征的相似程度来确定同名点。这里的特征指影像中的点、线、面等显著特征,相比像元点,特征点的数量大为减少,提取的特征具有较强的抗噪性,且对影像间灰度变化、遮挡和局部形变等有较强的稳健性。学者们在点、线、面特征提取和相似度度量等方面取得了一系列成果[109-111]。其中,尺度不变特征变换(Scale-invariant Feature Transform,SIFT)算法[105,112]是基于特征的匹配方法的典型代表,SIFT 方法和基于 SIFT 的各种改进方法已经在摄影测量影像匹配中广泛应用[113-115]。近年来,深度学习为各学科领域带来了研究范式的改变[116]。部分学者探索了基于深度学习的影像匹配方法[117-119]。但是与基于特征的方法相比,深度学习的方法受性能不稳定、运算量过大、硬件要求高等因素的限制,还未广泛应用于摄影测量影像匹配[104]。

随着无人机影像匹配等关键技术的发展成熟,学者们逐渐关注于无人机摄影测量技术应用时的精度影响因素和优化方法[120]。在无人机摄影测量作业过程中,相机姿态、相对航高、影像重叠度、像控点空间分布、POS 信息可靠性等因素均会对测量成果精度产生影响[105]。在航线设计方面,"Z"字形格网航线垂直摄影是最传统的摄影方式。但是,这种方式无法对悬崖等突变地形和建筑物立面进行建模。后来,学者们提出了倾斜摄影测量克服了这个难题[121,122]。倾斜摄影中常采用五镜头(一个垂直、四个倾斜)相机进行像片采集[123]。对于消费级无人机,往往仅有单镜头,于是也发展出了使用单镜头倾斜相机进行"井"字形格网飞行的飞行方案。已有研究表明使用单镜头倾斜相机进行"井"字形格网飞行有利于提高无人机摄影测量的精度,但是在不同研究中不同学者使用的相机倾斜角度均不同(表 1.1)。在相对航高方面,相对航高越高,地面分辨率越低。同时研究也表明航高越高,摄影测量的高程精度也越低[130]。但是,精度指标

表 1.1　前人研究利用单镜头相机进行倾斜摄影的相机倾角

作者	建议相机倾斜角度(°)
Bemis 等[124]	10～20
James and Robson[125]	20～30
Markelin 等[126]	25～30
Harwin 等[127]	45～65
Carbonneau and Dietrich[128]	20～45
Carvajal-Ramírez 等[129]	35
James 等[130]	20
Rossi 等[131]	60
Agüera-Vega 等[132]	45

RMSE 和相对航高之比在不同研究中不同,其比值在 1∶640 到 1∶2 100 之间不等[133]。这说明,高程精度对航高的敏感性还受其他因素的影响。在影像重叠率方面,研究表明对于消费级无人机,重叠率越高越好[134]。在控制测量方面,近年来,学者们提出了机载 RTK 和后处理 PPK 等技术[135-137],期望达到减少甚至免除像控的效果[138,139]。但是对于复杂地形区,像控仍是必不可少的。此外,学者们还在 POS 信息可靠性、控制点布控方式、摄影基线长度等方面进行了诸多研究[125,140-142]。

1.3.4　地形变化检测相关研究

地形的变化情况一直是地球科学领域关心的问题。基于多期监测得到的地形变化可以加深对地表过程的认知和理解,在各学科中均发挥着重要的作用。地形变化检测的方法可分为基于点的大地测量方法、基于合成孔径雷达干涉测量(InSAR)的方法和基于两期 DEM 相减(DEM of Difference,DoD)的方法三类。

在过去,由于技术手段的限制,基于点的大地测量方法是常用的方式,如使用全站仪、水准仪或者 GNSS 等测量手段对特定的检测点进行变化检测[143-146]。但是这种方法工作量大、作业效率低,难以开展面上的地形变化检测。随着地形数据获取技术如摄影测量、LiDAR、InSAR 等的发展,获取多期 DEM 数据变得越来越容易,通过多期 DEM 相减检测地形变化的方式使用越来越广泛[147-149]。尤其是近年来,无人机摄影测量技术的推广在很大程度上降低了重复地形测量的经济成本[149]。

将两期 DEM 相减得到 DoD 是最传统也是最直接的地形变化检测方法[150,151]。但是,后来学者们逐渐意识到这种方法有一个无法回避的问题,即地形测量误差[148]。为了排除误差的影响,基于显著性阈值分割的地形变化检测方法在地学应用中逐渐流行起来。显著性阈值检测的核心思想是把误差引起的变化和真实地形变化区分开,假设小于显著性阈值的变化均为误差引起[152]。通过地形误差传播和统计学 t 检验确立一定的显著性阈值,将 DoD 分割为显著变化的和非显著变化的;然后,保留显著变化的区域作为"真实"地形变化量。这种方法已经在河床侵蚀监测、冰川变化监测中得到应用[24,153]。但是,近年来也有学者提出使用显著性阈值分割进行地形变化检测,在计算样区的侵蚀量和沉积量时,由于丢失了一部分原始信息,会引起检测结果的系统性偏差[154]。

相对于使用特定显著性阈值对 DoD 进行分割,学者们提出了使用全部原始DoD 计算地形的净变化量并通过误差传播给出误差限的方式代替阈值分割[154]。不论使用显著性阈值分割还是误差限的方式,误差传播都是最基础的一项工作。测量误差包括系统误差和随机误差[155]。系统误差对地形变化检测的影响较大,通常需要在数据生产或者预处理阶段将其消除或者降低到远小于随机误差的水平[155]。对于随机误差,可以根据误差传播定律[156]将两期 DEM 的误差传播到 DoD 中,同时也能进一步传播到体积变化(侵蚀、沉积)量中。Lane 等[152]给出了 DEM 误差是随机误差的情况下,根据 DoD 计算体积变化量的误差传播公式。李斌兵等[157]讨论了根据 DoD 计算切沟侵蚀量的不确定性。但是随机误差在空间上可能存在空间自相关的情况。后来,有学者[158]提出当随机误差存在空间自相关时,应该对其空间自相关程度进行量化之后再进一步进行误差传播。

基于 InSAR 的地形变化检测技术具有覆盖范围广、形变探测精度高等优点。随着研究的深入,后面还出现了差分雷达干涉测量(D-InSAR)[159,160]、永久散射体合成孔径雷达干涉测量(PS-InSAR)[161,162]和小基线合成孔径雷达(SBAS-InSAR)[163,164]等技术。上述技术已在城市地表形变监测[161,163]、滑坡灾害隐患早期识别[165]、地震形变监测[166]等地质灾害领域得到了广泛应用。但是,基于 InSAR 的地形变化检测技术在黄土小流域应用时,由于植被和土壤侵蚀的影响,InSAR 时序影像相干性将特别低,难以满足应用的需求。

1.3.5　基于 DEM 的数字地形分析研究

数字地形分析（Digital Terrain Analysis，DTA）是基于数字高程模型（DEM）或其他高程信息源进行地形属性计算、地形特征提取以及地学过程表达与机理建模的数字地形信息处理技术[167]。近年来，现代地理信息科学与技术的形成与发展，给传统的地学分析方法带来了一场革命性的变革。其中数字地形分析研究横跨水文学、地貌学、土壤科学、计算机科学等众多学科领域，使得对数字地形分析理论与方法的探索，成为地理信息科学研究的一大亮点[168]。总体而言，数字地形分析包括 DEM 数据源与数据模型、地形因子计算、地形要素提取与地貌分类、误差与不确定性分析和跨学科应用研究 5 大研究内容[169]。

（1）DEM 数据源与数据模型

DEM 的数据源丰富且多样，从采集方式上大致可分为三类：①基于野外实地测量的方法[170]，如全站仪、水准仪、GNSS 测量等；②基于现有地形图数字化的方法[171]；③基于遥感技术的获取方法，如摄影测量、机载激光扫描、InSAR 等[172,173]。Wilson[168]指出每种数据源都有其特定的优势和劣势，需要根据研究目标、任务需求来选择合适的数据源。此外，现有 DEM 数据模型主要包括等高线、格网、不规则三角网等模型[170]，这些 DEM 数据模型均可实现对基本地形参数的提取，如坡度、坡向、曲率和单位汇水面积等[167,170]。然而，对于形态变化更为复杂的地理对象，或具有更高保真性需求的地形分析，上述 DEM 数据模型往往不能满足要求。部分学者在 DEM 数据模型改进与构建方法上展开了研究[174,175]，在高程内插方法、地图代数方法、高精度数学曲面方法以及顾及地形特征要素的方法上取得进展[176-178]。

（2）地形因子计算

数字地形分析的核心研究之一是基于地形因子对地貌形态的定量表达。自数字高程模型诞生以来，至今已提出了上百种地形因子。Wilson 和 Gallant[169]曾将地形因子分为基础地形因子和复合型地形因子。基础地形因子一般直接面向地表形态本身，从多个角度实现对地形的描述，可分为高程和表面积[179]、坡度和坡向及曲率[180,181]、流向及水流宽度[182,183]、汇流累积量[184]、统计指标[185]、上坡参数[186]、下坡参数[187]、可视性[188]和地形开度[189]等方面。而复合型地形因子则具有更多的学科交融属性，常使用两个或多个基础地形因子以及附加输入得到，如地形湿度指数[190]、水流强度指数[191]、输沙能力指数[192]、地形辐射指数[193]、地形温度指数[194]等。值得注意的是,目前这些因子一般基于栅格 DEM 进行计算,但也有部分学者基于 TIN 数据展开地形因子计算和水文分析[195-197]。

(3)地形要素提取与地貌分类

地形特征要素是反映区域地貌形态的关键的点、线、面要素(如山顶点、鞍部点、山脊线、山谷线、沟沿线、正负地形),在相当大程度上可以体现区域地形的基本格局与空间结构。近年来,众多学者基于 DEM 数据,展开了大量的地形特征点、线、面等要素的自动提取与分析的研究,取得了丰富的成果[198-201]。此外,也有学者通过一定的数学模型,将 DEM 提取的特征点、线、面构建成一个既相互独立,又在空间上密切联系的整体,为系统性的地形分析奠定基础[202-204]。地貌分类是 DTA 的重要研究内容之一,也是地貌学研究的基础问题。目前,地貌分类大都采用形态和成因相结合的原则和方法[205],我国学者在黄土地貌、风沙地貌、喀斯特地貌以及冰川地貌等不同地貌的分类与制图中取得了诸多研究进展[205-209],提出了不同的地貌形态自动分类方法[204,210,211]。

(4)误差与不确定性分析

空间数据的不确定性研究是地理信息科学领域的重要课题,不确定性即模糊的、不精确的或还不能确定的。在数字地形分析领域,不确定性研究主要包含数据不确定性和分析方法不确定性两部分[167]。DEM 数据的不确定性可能来自生产过程、传感器误差、建模方法、特定地貌形态等[212-214],并且误差会在地形因子计算中传播,对后续结果造成影响[215]。消除误差的常用方法是对 DEM 误差模型进行统计建模[214]。分析方法的不确定指由于数据处理算法或分析方法本身带来的不确定性,如,学者们针对坡度和坡向算法[216]、径流算法[217]、河网提取与流域分割等常用地形因子提取算法和水文分析方法的不确定性进行了研究[218,219],为数字地形分析算法的选取及应用提供了重要参考。

(5)跨学科应用研究

基于 DEM 的跨学科应用研究相当活跃,除了传统的地形地貌研究之外,还拓展到了水文学、土壤学、地质学及行星科学等多学科领域。在水文学方面,学者们提出了基于 DEM 水文参数、汇流网络和流域特征信息提取等方法[220-223];然后,将上述提取的各种流域信息运用到动态水文建模,从而取得了一系列研究成果[4,224,225]。在土壤学研究中,数字地形分析在数字土壤制图[226,227]、土壤可蚀性评价[36,228]、土壤侵蚀模拟与建模[229,230]等方面也有着广泛的应用。在地质学方面,数字地形分析在滑坡敏感性评价[231,232]、地震灾害影响评估[233,234]、地下水分析[235,236]等方面也取得了一系列成果。此外,数字地形分析在行星科学、气象学、城市规划等领域也有应用[237,238]。

1.3.6 研究现状小结与问题分析

通过对现有研究的梳理,可以发现,虽然学者们围绕小流域侵蚀监测和侵蚀产沙过程开展了大量的研究,但还存在以下问题。

(1)小流域侵蚀产沙研究侧重侵蚀量的预测,还未能实现对泥沙搬运过程的空间化监测与模拟。侵蚀产沙过程包括水流对土壤的分离和对泥沙的搬运两个过程。输沙过程(即泥沙的搬运过程)本身是一个空间化的过程。在地表每一个位置都可能存在泥沙的搬运。若在小流域的每一个位置均观测泥沙的搬运通量(即输沙率),则可以得到在空间上分布的泥沙搬运情况。泥沙搬运通量和搬运路径体现了微观层面的物质交换情况,具有极为重要的地表动力学和地貌学意义,而当前的方法往往只能得到指定区域整体的侵蚀量或者产沙量,难以实现像元尺度的泥沙搬运路径和搬运量的模拟。

(2)缺少面向小流域输沙过程监测的无人机摄影测量方法研究。无人机摄影测量已经在水土保持领域广泛应用。但是,黄土小流域沟壑纵横、地形复杂,传统的摄影测量方法精度较差。尽管前人提出的倾斜摄影有利于改善无人机摄影测量在复杂地形区的精度,但是在黄土小流域,如何通过设计摄影方案和优化数据处理流程提高无人机摄影测量精度等问题还缺乏系统性的探索。

(3)对地形变化检测中的误差影响研究不足。使用两期 DEM 相减计算 DoD 的地形变化检测方法已经在小流域侵蚀监测中广泛应用。但是,如何量化 DEM 中的误差自相关并考虑其对地形变化检测的影响?地形变化显著性阈值分割的影响有哪些?什么时候应当使用显著性阈值分割,什么时候不应当使用?以上问题还缺乏科学的探讨和研究。

(4)数字地形分析亟需实现从基于 DEM 的地貌形态格局研究走向地貌过程研究的研究范式转型。当前的数字地形分析方法,不论是地形因子提取、地形特征要素提取与分析,还是地貌分类与制图均是面向单期地形数据的“静态”研究,缺乏面向地貌过程的研究方法和研究范式。随着多期地形数据越来越容易获取,数字地形分析亟需从单纯的形态格局发展到面向地貌过程的“形—数—理”研究。

1.4　研究目标与内容

1.4.1　研究目标

本研究以模拟小流域的输沙过程（即泥沙的搬运路径与搬运量）为目的，综合运用数字摄影测量方法、误差传播理论、数字地形分析、空间统计分析、水力环境模拟等理论和方法。首先，探讨面向输沙过程监测的无人机摄影测量优化方法；其次，提出顾及误差空间自相关的地形变化检测方法，实现对地表变化的定量检测；最后，根据小流域中的地表径流特征构建不同泥沙搬运路径分配算法，模拟泥沙搬运的路径和搬运量，进而得到输沙率的空间分布。本研究期待构建从地形变化结果反演地表过程的科学研究范式，推动流域地表过程研究，丰富数字地形分析的理论与方法。

1.4.2　研究内容

（1）面向输沙过程监测的无人机摄影测量优化

针对消费级无人机，面向黄土小流域侵蚀监测，从无人机航线设计、控制测量方案和内业数据处理等方面提出无人机摄影测量高程精度的优化方法。

（2）顾及误差空间自相关的地形变化检测

提出量化无人机摄影测量误差空间分布的方法，在误差空间分布的基础上进行误差传播和地形变化显著性检测，进一步估算小流域的毛侵蚀量、毛沉积量和净变化量。

（3）基于地形变化检测的小流域输沙过程模拟

基于实测地形变化量，根据小流域地表径流过程的不同，提出不同径流过程下的泥沙搬运路径分配算法；构建融合不同路径分配算法的小流域输沙过程模拟方法，在像元尺度反演泥沙的搬运路径与搬运量。

（4）典型黄土小流域输沙过程模拟实例与应用

基于野外实测小流域，采用上述输沙过程模拟方法模拟输沙率的空间分布，验证方法的适用性，同时探索输沙率的空间分布在地表过程研究中的应用。

1.5　研究方法与技术路线

1.5.1　研究方法

本研究拟运用地貌学、测量学、水文学、水动力学、误差传播理论、质量守恒原理等相关理论,利用数字地形分析、无人机摄影测量、空间统计分析、水力环境模拟等相关技术与方法,以黄土高原典型小流域为对象,辅以室内模拟小流域,提出面向输沙过程监测的无人机摄影测量优化方法,在充分考虑误差空间分布的情况下检测不同时期的地形变化,构建基于地形变化结果反演泥沙搬运过程的研究方法,实现对小流域物质流的定量研究。

1.5.2　软硬件平台

本研究中主要使用的软件和硬件平台如表 1.2 所示。

表 1.2　主要软硬件平台

软件平台	主要作用
ArcGIS 10.7	主要进行空间数据的基础处理和实验结果出图
Matlab 2017b	主要进行数据处理、数据分析、指标计算、结果出图和用于本书提出的泥沙路径分配算法设计,同时使用了工具包 TopotoolBox
QGIS 3.12	主要使用其中的 Base Mesh 模块进行水力模拟的相关数据预处理
SAGA GIS（2.3.2）	主要用于水文参数如 LS 因子等的计算
Agisoft Metashape（PhotoScan）1.50	是一款无人机数据处理软件,主要用于摄影测量数据的基本处理和优化方法的实验
pyCharm（Python）	是一款 Python IDE,用于设计无人机摄影测量蒙特卡罗光束平差的相关的实验,调用了 PhotoScan 的相关接口
硬件平台	主要作用
大疆精灵 4Pro 无人机	用于无人机摄影测量实验的野外数据采集
拓普康 HiPer SR 接收机	用于无人机摄影测量实验的控制测量

1.5.3　技术路线

本研究围绕黄土小流域侵蚀监测和输沙过程模拟开展系列研究,总体技术路线如图 1.1 所示。

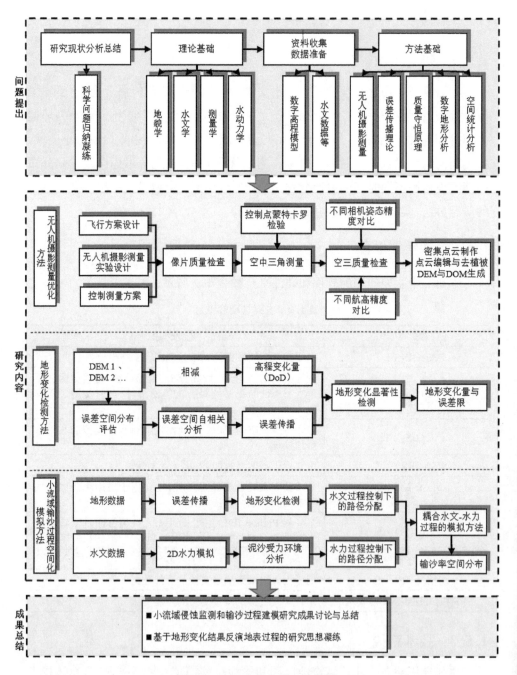

图1.1　本研究总体技术路线图

1.6 本书结构

本书共计 7 章,各章节的主要研究内容如下。

第 1 章:绪论

本章节主要阐述黄土小流域侵蚀监测和输沙过程研究的基本概况及主要问题,指出了开展小流域输沙过程模拟研究的重要性,对相关学者的研究进行了系统归纳与分析,在此基础上,确立了本研究的具体研究目标与研究内容。

第 2 章:研究基础

本章节主要介绍研究区黄土高原基本自然地理情况,介绍了实验中所涉及的样区分布、实验数据以及实验数据预处理等,阐述了本研究的研究理论基础,分析了其应用条件。

第 3 章:面向输沙过程监测的无人机摄影测量优化

本章节主要论述了影响无人机摄影测量精度的因素,并从野外数据采集和内业数据处理两方面提出面向输沙过程监测的无人机摄影测量优化方法。

第 4 章:顾及误差空间自相关的地形(侵蚀)变化检测

本章节在基于上一章节方法得到的高精度 DEM 的基础上,设计了无人机摄影测量误差空间分布的评估方法,提出运用顾及误差空间自相关的地形变化检测方法评估小流域的侵蚀量和沉积量等。

第 5 章:小流域输沙过程模拟方法构建

本章节基于上一章节方法得到的地形变化量,设计了在不同地表径流过程下的泥沙路径分配算法,然后对于整个小流域,将上述方法进行耦合得到小流域输沙过程模拟方法,评估输沙率的空间分布;从质量守恒原理的角度提出评估方法性能的指标,验证了方法的可靠性,并讨论了方法的适用条件、性能影响因素和数据尺度不确定性等。

第 6 章:黄土高原典型小流域输沙过程模拟实例与应用

本章节将上一章提出的输沙过程模拟方法应用于黄土高原典型小流域,验证了方法的适用性,并分析了输沙率空间分布与流域特征指标的相关性,一定程度上解释了输沙率的空间差异。同时,以泥沙连通性为例展示了输沙率空间分布在地表过程研究中的应用。

第7章:总结与展望

本章总结了本研究在理论、方法和应用层面上的主要成果和结论,探讨了本研究的不足之处和可改进点,并展望了下一步研究可能的方向。

第2章

研究基础

2.1　研究区与研究对象

黄土高原总面积约 64 万 km²，东西长约 1 000 km，南北宽约 750 km，横跨我国青海、甘肃、宁夏、内蒙古、陕西、山西、河南等 7 个省份及自治区。黄土高原是世界上水土流失最严重的地区之一，水土流失面积约 45.4 万 km²，其中，水蚀面积约 33.7 万 km²，风蚀面积约 11.7 万 km²。黄土高原地势由西北向东南倾斜，除少数石质山地外，高原上覆盖深厚的黄土层，在长期强烈流水侵蚀下，逐渐形成千沟万壑、地形支离破碎的特殊自然景观。黄土高原地貌起伏大，山地、丘陵、平原与宽阔谷地并存，四周为山系所环绕。

黄土高原地区地表物质以黄土为主。由于第四纪以来黄土的广泛堆积，在黄土高原区域内形成了连续广泛分布的黄土地貌[239]。黄土地貌主要包括以黄土塬、梁、峁发育为主体的沟间地地貌和沟壑纵横的沟谷侵蚀地貌。黄土塬代表黄土的最高堆积面，顶面平坦宽阔，塬边线和沟沿线之间地形平缓倾斜，沟沿线以下沟谷深切[图 2.1(a)]。黄土梁为长条状的黄土丘陵[图 2.1(b)]，其走向反映了黄土下伏古地形面走向，长度可达数公里至数十公里。黄土峁是被沟谷高度切割的穹顶状或馒头状黄土山丘[图 2.1(c)]，是黄土地貌发育的成熟阶段。黄土沟谷包括细沟、浅沟、切沟、悬沟、冲沟、坳沟（干沟）和河沟 7 类，深度从几十厘米到几百米不等[240]。

黄土高原黄土地貌，沟壑纵横、植被稀疏、侵蚀剧烈，是我国输沙量最大的区域，是典型的侵蚀产沙和输沙研究区。诸多学者在黄土高原开展了大量的侵蚀产沙和输沙研究。在侵蚀产沙和输沙研究中，小流域是重要的研究单元。小流域既是天然的地理单元，又是流域管理的基本单元，更是水沙治理等工程措施的重点实验单元。因此，本研究以黄土高原黄土小流域为研究对象，通过无人机地形建模和地形变化检测等手段，重点对小流域的输沙过程进行模拟。本研究中的输沙过程主要指泥沙输移过程中的搬运路径和搬运量。

(a) 黄土塬　　　　　　　　　　　　　　　　(b) 黄土墚

(c) 黄土峁

图 2.1　黄土地貌

2.2　实验样区

由于黄土高原范围大,难以将整个黄土高原作为研究样区。因此,需要针对研究目标,选取典型的黄土小流域作为实验样区。样区的选择需要兼顾科学性、典型性和数据可获取性。本研究在黄土高原选取了 7 个典型小流域,其中 3 个作为无人机摄影测量实验样区,另外 4 个作为空间输沙模型实验样区。此外,为了丰富多时序地形数据,还使用了一个室内模拟小流域。

2.2.1　室内模拟小流域

沟壑发育是一个长期的过程。在野外监测小流域沟壑侵蚀的变化,需要的观测周期长。为了弥补野外实测数据在时间尺度上的不足,本研究选择了一个室内模拟小流域。室内小流域模拟试验工作由黄土高原土壤侵蚀与旱地农业国家重点实验室完成。模拟小流域的基本形态特征如表 2.1 所示。填土土壤来自咸阳市杨凌区,中位粒径为 0.005 mm(表 2.2)。在填筑过程中,每 5 cm 对黄土进行一次分层压实,直至容重在 1.36~1.4 g/cm³ 之间,最终平均容重为1.39 g/cm³。由于模拟小流域的时间序列多、样区资料齐全,这些资料将用于空间输沙模型的构建。

表 2.1　模拟小流域基本形态特征[241]

投影面积 (m²)	流域长度 (m)	流域最大 宽度(m)	流域周长 (m)	流域高差 (m)	流域纵比 降(%)	平均坡度 (°)	填土容重 (g/cm³)
31.49	9.1	5.8	23.3	2.57	28.24	15	1.39

表 2.2　模拟小流域的土壤颗粒组成[241]

粒径(mm)	<0.001	0.001~ 0.005	0.005~ 0.01	0.01~ 0.05	0.05~ 0.25	0.25~ 1
百分比(%)	36.28	12.89	6.88	41.13	2.7	0.12

2.2.2　典型黄土小流域

本研究在黄土高原选取了 7 个典型小流域,其中 T1、T2、T3 三个样区作为无人机摄影测量实验样区(图 2.2)。T1、T2 样区分别位于陕西省榆林市绥德县刘家坪村和王茂庄村,T3 样区位于陕西省延安市安塞区寺崾岘村。A1、A2、B1、B2 四个样区作为空间输沙模型实验样区(图 2.3)。四个样区均位于绥德县,其中 A1、A2 样区位于清水沟村,是清水沟的两个子流域;B1、B2 样区位于王茂庄村,是王茂沟的两个子流域。四个样区均是典型的水土流失区,区域内植被稀疏、沟壑侵蚀剧烈,最大高差均在 150~200 m 之间,是研究土壤侵蚀产沙和输沙的理想样区。七个样区的具体信息详见表 2.3。

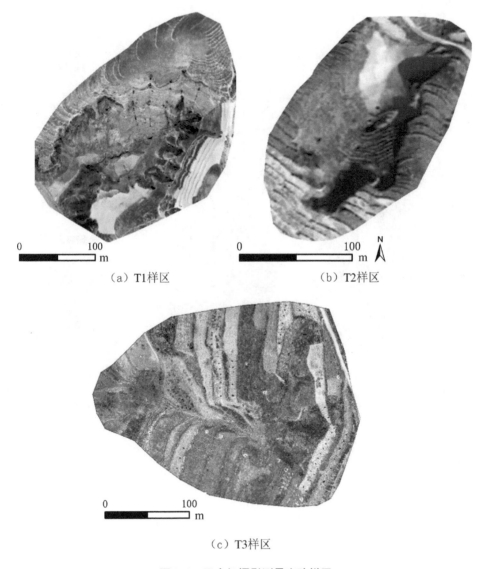

（a）T1样区　　　　　　　　　　　（b）T2样区

（c）T3样区

图 2.2　无人机摄影测量实验样区

（a）A1样区　　　　　　（b）A2样区　　　　　　（d）B2样区

图 2.3　输沙过程模拟实验样区

表 2.3 典型小流域基本信息

样区	位置	样区用途	基本信息
T1	110°17′3.2″E 37°33′48.8″N	无人机摄影测量精度优化实验	样区面积大约 5.1 hm²,最大高差约 100 m,区域内切沟、冲沟发育典型,植被稀少,是摄影测量的理想样区。
T2	110°21′45.7″E 37°35′12.8″N	无人机摄影测量精度优化实验	样区面积大约 3.6 hm²,最大高差约 80 m,区域植被稀少,坡面修筑了梯田。
T3	109°15′6.2″E 36°44′9.7″N	无人机摄影测量精度优化实验	样区面积大约 4.6 hm²,最大高差约 60 m,区域内修筑了大量梯田。
A1	110°15′16.7″E 37°31′33.8″N	空间输沙率模型实验	样区面积大约 50.46 hm²,最大高差约 202 m,表层土壤容重约 1.31 g/cm³,区域内沟壑纵横,土壤侵蚀极为剧烈,右侧坡面修筑了梯田。
A2	110°15′31.5″E 37°31′40.5″N	空间输沙率模型实验	样区面积大约 51.05 hm²,最大高差约 198 m,表层土壤容重约 1.31 g/cm³,该区域丘陵起伏,地形破碎,沟壑面积超过样区总面积的一半。
B1	110°21′58.6″E 37°34′59.5″N	空间输沙率模型实验	样区面积大约 12.2 hm²,最大高差约 170 m,表层土壤容重约 1.25 g/cm³,区域内植被稀疏,沟壑侵蚀剧烈。
B2	110°21′50.6″E 37°35′01.5″N	空间输沙率模型实验	样区面积大约 10.8 hm²,最大高差约 168 m,表层土壤容重约 1.25 g/cm³,区域内植被以草地为主,正地形坡面上修筑了大量梯田。

2.3　实验数据

2.3.1　室内模拟小流域

　　室内模拟小流域初始地形是没有沟壑侵蚀的原始坡面。模拟小流域建好后，在 2.5 个月的时间里，模拟了 25 次降雨事件。设计降雨强度为 0.5 mm/min、1 mm/min 和 2 mm/min，分别代表黄土高原地区的小、中、大雨，分别占设计降雨事件的 44%、36% 和 20%。模拟降雨事件详见表 2.4。降雨期间，在流域出水口处使用径流池收集并记录径流数据（图 2.4）。同时，对径流池收集到的泥沙进行取样、烘干和称重，并计算每个降雨事件的平均输沙率（表 2.4）。

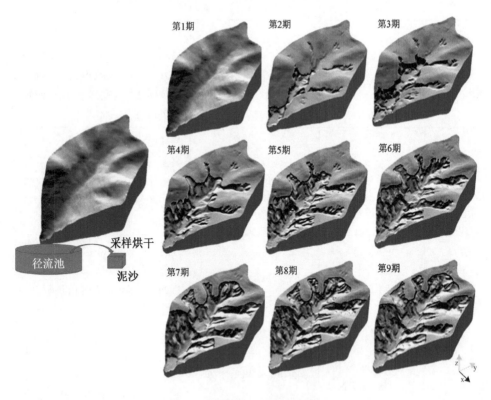

图 2.4　模拟小流域地形数据

表 2.4　模拟小流域监测数据[241]

时期	降雨事件（地形测量事件）	降雨强度（mm/min）	降雨时间（min）	出水口径流量（ml/s）	出水口平均输沙率（kg/min）	DEM 误差	
						平均误差（mm）	标准差（±mm）
第 1 期	(DEM 1)	(0.74)	(363.28)	(285.73)	(3.61)	-0.03	1.64
	1	0.54	90.5	166.42	1.86		
	2	0.52	89.5	181.56	1.11		
	3	0.49	89.5	182.87	1.73		
	4	1.18	47.52	584.53	5.11		
	5	1.21	45.86	616.53	14.07		
第 2 期	(DEM 2)	(1.66)	(76.80)	(902.04)	(18.75)	-0.08	1.96
	6	2.41	30.53	1 343.38	26.12		
	7	1.19	46.17	610.21	13.88		
第 3 期	(DEM 3)	(0.58)	(152.13)	(262.34)	(7.64)	0.28	1.98
	8	0.57	90.18	257.74	7.52		
	9	0.59	61.95	269.04	7.81		
第 4 期	(DEM 4)	(1.53)	(79.09)	(1 038.78)	(24.97)	0.23	1.8
	10	1.20	47.92	756.69	17.82		
	11	2.15	31.17	1 472.45	35.97		
第 5 期	(DEM 5)	(0.55)	(185.30)	(226.75)	(5.17)	-0.08	1.78
	12	0.52	62.94	214.87	5.23		
	13	0.58	61.53	241.21	6.02		
	14	0.56	60.83	224.43	4.26		
第 6 期	(DEM 6)	(1.06)	(185.04)	(572.95)	(8.77)	0.17	1.91
	15	1.12	46.82	630.93	10.98		
	16	1.08	45.83	606.96	9.63		
	17	0.98	47.02	533.71	7.97		
	18	1.04	45.37	519.43	6.45		

时期	降雨事件（地形测量事件）	降雨强度（mm/min）	降雨时间（min）	出水口径流量（ml/s）	出水口平均输沙率（kg/min）	DEM 误差	
						平均误差（mm）	标准差（±mm）
第7期	(DEM 7)	(2.04)	(64.72)	(1 163.80)	(15.12)	0.2	1.88
	19	2.12	30.37	1 219.69	16.73		
	20	1.98	34.35	1 114.39	13.70		
第8期	(DEM 8)	(0.56)	(271.59)	(228.77)	(2.81)	0.14	1.83
	21	0.53	91.27	216.75	3.01		
	22	0.55	90.60	216.95	2.58		
	23	0.60	89.72	252.94	2.83		
—	(DEM 9)	—	—	—	—	−0.09	1.85
	24	1.05	61.35				
	25	2.03	31.65				

　　整个模拟期间共进行了9次地形测量（图2.4），测量频率低于降雨频率，根据测量间隔将整个模拟时期分为8个时期（表2.4）。为了将地形数据与径流数据等联系起来，本书计算了每次地形测量时期的平均降雨强度、累积降雨持续时间、平均输沙率等水文监测数据（表2.4）。

　　地形测量使用近景数字摄影测量技术。摄影相机和数据处理工作站分别为 SMK 120 立体摄影测量相机和 JX-4 数字摄影测量工作站。研究区内均匀分布了 18 个控制点和 20 个检查点，采用独立坐标系对控制点和检查点进行了测量。控制点和检查点的水平和垂直中误差（RMSE）均优于 0.3 mm。最终生成的 DEM 的分辨率为 10 mm。通过 20 个独立检查点对 DEM 质量进行评估，DEM 的高程中误差均优于 2 mm。具体而言，各期数据的垂直平均误差在 −0.09 mm 到 0.28 mm 之间，标准差在 ±1.64 mm 到 ±1.98 mm 之间（表2.4）。

2.3.2　典型黄土小流域

典型黄土小流域的数据包括影像数据(图 2.3)和高精度地形数据(图 2.5)。高精度地形数据通过摄影测量的方式采集。A1、A2 样区由于距离较近,地形数据均为同期采集。分别在 2006 和 2019 年对 A1、A2 样区进行了两期地形测量,其中第 1 期地形数据由自然资源部第一航测遥感院(陕西省第五测绘工程院)和西北大学王雷博士共同提供。该数据采用全数字摄影测量的方法,共采集了 19幅 1∶4 000 的彩色航摄像片,航片地面分辨率约为 0.1 m。野外控制测量共布

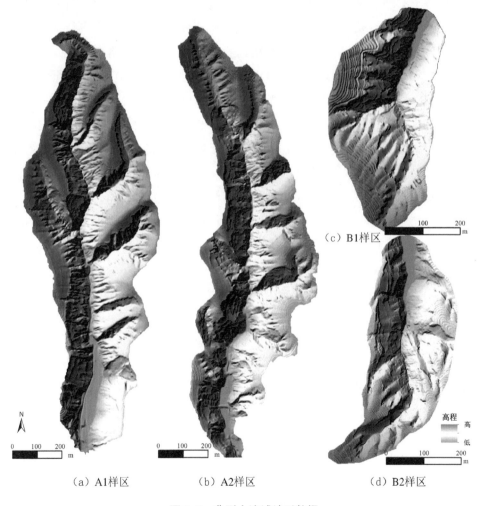

（c）B1样区

（a）A1样区　　　　　（b）A2样区　　　　　（d）B2样区

图 2.5　典型小流域地形数据

设了 49 个像控点和检查点。其外业和内业工作分别满足标准《1∶500 1∶1 000 1∶2 000 地形图航空摄影测量外业规范》(GB/T 7931—2008)和《1∶500 1∶1 000 1∶2 000 地形图航空摄影测量内业规范》(GB/T 7930—2008)的要求。输出成果采用 WGS-84 椭球,投影采用高斯-克吕格投影,中央经线 111°。最终生成 DEM 高程中误差为 0.11 m,分辨率为 1 m[242]。

A1、A2 样区的第 2 期地形数据采用无人机摄影测量获得。无人机平台为可垂直起降的工业级四旋翼无人机 Metric 210。搭载相机为禅思 X5S,焦距为 15 mm,CMOS 传感器为 4/3 英寸,照片分辨率为 5 280 mm×3 956 mm。无人机上配备了 GPS 接收器,在拍摄的同时可以记录下位置、高度及姿态信息。航拍当天天气晴朗且风速较小,对无人机飞行的干扰较小。无人机飞行前,通过 Pix4d Capture 软件规划航线,其中航向重叠率大于 80%,旁线重叠率大于 70%,航高 200 m,设计地面分辨率 4.5 cm。最终获取航片 881 张。控制测量采用 GPS-RTK 方式(仪器型号为拓普康 Hiper SR)对大小为 1 m×1 m 的控制点标靶顶点进行测量。为了与第 1 期测量成果匹配,第 2 期数据采用相同的坐标系设置。最终测得控制点 30 个,其中 15 个作为三维控制点参与空三过程校正摄影测量结果,其余 15 个作为检查点评估摄影测量成果精度。外业和内业工作分别满足标准《低空数字航空摄影规范》(CH/Z 3005—2010)和《基础地理信息数字成果 1∶500、1∶1 000、1∶2 000 数字高程模型》(CH/T 9008.2—2010)的要求。经过无人机数据处理、点云编辑之后最终生成 1 m 分辨率 DEM,通过 15 个独立检查点评估得到其高程中误差为 0.15 m。

B1、B2 样区的地形数据也为同期采集。分别在 2016 年和 2021 年进行了两期地形测量。第 1 期数据采用全数字摄影测量的方法生成。共采集了 233 张彩色航空照片,经过外业控制测量和内业建模,最终得到了 1 米分辨率的 DEM 数据。输出成果采用 WGS-84 椭球,投影采用 UTM 49 N,中央经线 111°。通过 14 个地面控制点检测得到 DEM 高程中误差为 0.16 m。

B1、B2 样区的第 2 期地形数据采用无人机摄影测量获得。无人机平台为消费级四旋翼无人机精灵 4 Pro。搭载相机焦距 24 mm,CMOS 传感器 1 英寸,照片分辨率 5 472 mm×3 648 mm。2021 年 3 月进行了无人机航拍。航拍当天天气良好。无人机飞行前,通过 DJI GS Pro 软件规划航线,其中航向重叠率大于 80%,旁向重叠率大于 80%,航高 100 m,设计地面分辨率 4 cm。最终获取航片

288 张。控制测量方式与 A1、A2 样区的相同。为了与第一期测量成果匹配,第二期数据采用相同的坐标系设置。外业和内业工作分别满足标准《低空数字航空摄影规范》(CH/Z 3005—2010)和《基础地理信息数字成果 1∶500、1∶1 000、1∶2 000 数字高程模型》(CH/T 9008.2—2010)的要求。最终生成 1 m 分辨率 DEM,通过独立检查点的评估得到其高程中误差为 0.06 m。

2.4 理论基础

2.4.1 质量守恒原理

质量守恒原理是自然界最基本的定律之一,即物质不会凭空产生,也不会凭空消失,在物质系统中,不论物质发生何种变化或过程,其总质量保持不变。基于这个思想,Exner[26]最早在 1925 年提出了水流泥沙的质量守恒原理:

$$\left(\frac{\partial Q_b^x}{\partial x}\right) + \left(\frac{\partial Q_b^y}{\partial y}\right) + (1-p) \times \left(\frac{\partial Z_{xy}}{\partial t}\right) + \left(\frac{\partial C_b}{\partial t}\right) = 0 \qquad (2.1)$$

式中,Q_b^x、Q_b^y 是分别表示沿 x 方向(横截面方向)和 y 方向(纵剖面方向)的泥沙通量(kg/s);p 是孔隙率(%);Z_{xy} 是 (x,y) 处的高程变化量(m);C_b 是水流泥沙浓度(kg/m³);t 表示时间(s)。

这一式子将输沙率和地形变化首次联系了起来,使通过地形变化推导出输沙率变成可能。假设泥沙搬运过程中水流泥沙浓度恒定或者其变化很小可以忽略,即式 2.1 中左侧第四项的微分为 0。故式 2.1 可以理解成水流在 x 和 y 方向上的输沙率变化量与地形变化率是相等的。基于这个思想,若知道了地形在每一处的变化量,就有可能在遵循质量守恒原理的前提下,推测泥沙的搬运路径以及搬运量,从而得到任意点位的输沙率,即输沙率空间分布。

2.4.2 应用条件

黄土高原既有水力侵蚀又有风力侵蚀。值得注意的是水流泥沙质量守恒原理主要针对水力侵蚀造成的泥沙输移。要在黄土小流域应用质量守恒定律模拟泥沙搬运过程,推测输沙率空间分布,首先要厘清样区是以风力侵蚀为主还是以水力侵蚀为主。黄土高原的土壤侵蚀和风力沉积同时发生。研究表明黄土高原近千年来的平均沉积速率约在 10^{-2} mm/a 的数量级,不同地区的黄土净沉积速率差异较大,六盘山以东地区黄土沉积速率明显高于六盘山以西地区[243]。风力沉积会给式 2.1 的应用带来一定的不确定性。但是,考虑到相对于水力侵蚀,其数量级很小,在小时间尺度(如几年到几百年)上其影响可以忽略不计。

应用式 2.1 需要知道地形变化量的空间分布,即要求多期高精度地形数据。在过去,由于测量手段的限制,很难得到既在空间上详尽,又在高程精度上足够高的多期高精度地形数据。但是,近年来,随着 LiDAR、InSAR 和无人机摄影测量等数据获取技术的发展,获取多期高精度地形数据已经变得越来越容易。LiDAR 可以得到点位精度很高且空间分辨率也很高的地形数据,但是相对无人机摄影测量而言费用较为昂贵。随着无人机摄影测量的发展,特别是运动恢复结构(SfM)的算法提出以来,无人机摄影测量的精度越来越高、应用越来越广泛。同时,消费级无人机的崛起也降低了摄影测量成本,在空间上(面上)大范围监测地形变化已经成为可能,为水流泥沙质量守恒原理的应用提供了基础条件。

2.5　小结

本章节介绍了研究区的选取依据、实验样区的自然条件状况及位置分布等。对后续研究中会涉及的影像和地形等数据的获取方法及数据精度,本章进行了具体的介绍和说明。最后,对本研究使用的基本思想和基本理论进行了阐述,并分析了其应用条件。

第3章

面向输沙过程监测的
无人机摄影测量优化

本章内容主要是针对消费级无人机,提出面向输沙过程监测的无人机摄影测量精度优化方法。首先,对影响无人机摄影测量精度的因素进行了系统梳理和分析。其次,进行了实验设计,并在野外进行了不同飞行方案的无人机数据采集和地面控制测量。最后,通过内业精度评价,分析在没有条件布设像控点的情况下采用什么样的飞行方案提高测量精度,在有条件布设像控点的情况下应该如何优化布设数量和进行控制点的质量分析。

3.1 无人机摄影测量精度影响因素分析

无人机摄影测量的误差来源多样,根据其所处的摄影测量流程,可以分为影像获取相关因素、控制测量相关因素和数据处理相关因素。

3.1.1 影像获取相关因素

影像获取相关因素包括航线设计、飞行姿态、相机参数、飞行器平台、飞行环境等。

(1) 航线设计

航线设计主要包括航高与重叠率。航高直接决定了影像的地面分辨率,进而影响摄影测量的精度。根据摄影测量原理,地面分辨率可以表示为[105]

$$\text{GSD} = \frac{hu}{f} \tag{3.1}$$

式中,GSD 是地面分辨率(m),h 是航高(m),u 表示相机感光元件的像素尺寸(mm),f 是相机焦距(mm)。

重叠率指相邻照片的重叠部分与单张相片的大小之比,可分为航向重叠率和旁向重叠率(图 3.1)。根据《低空数字航空摄影规范》[244](CH/Z 3005—

2010），航向重叠一般应为 60%～80%，旁向重叠应为 15%～60%。近年来，研究表明对于大多数消费级无人机，高重叠率（航向旁向均设置在 70% 以上）有利于提高无人机摄影测量精度。

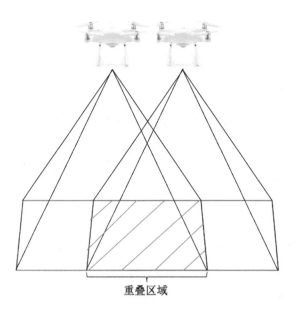

重叠区域

图 3.1　影像重叠示意图

（2）飞行姿态因素

除了不同飞行平台对无人机摄影测量数据获取精度有较大影响，无人机飞行的姿态对影像质量也有较大影响。虽然大多数消费级无人机都配备了 GPS 定位装置以及视觉识别技术，但多数消费级无人机受到结构设计和电机输出功率的影响而抗风性较差，且常在高空作业。因此，无人机姿态易受到风力、飞行速度等影响而产生航偏角、俯仰角、滚轴角，影响三维建模的精度。其中，航偏角是指无人机在前进航向上与水平方向发生的偏角；俯仰角是指无人机在前进航向上，机身上下倾斜产生的偏角；滚轴角是指无人机在垂直于前进方向上的滚动倾斜，与原本水平线产生的偏角，如图 3.2 所示。飞行姿态也称外方位元素。随着无人机平台的发展，多数无人机上均装载了卫星定位（GNSS）接收机和惯性测量装置（IMU），可实时解算和记录相机的外方位元素。相机外方位元素的精度是影响摄影测量最终成果精度的重要因素。

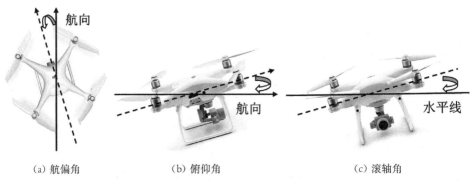

（a）航偏角　　　　　　　　（b）俯仰角　　　　　　　　（c）滚轴角

图 3.2　航偏角、俯仰角、滚轴角示意图

（3）相机参数

相机参数主要包括分辨率、焦距、光圈、快门速度、ISO 等。相机分辨率越高，所拍摄的图像的细节就越清晰，色彩就越鲜艳，也越有利于三维精细建模。焦距是焦点到摄影中心的距离，是指相机镜头视角的大小，也就是能够拍摄到的场景大小和视野范围。在倾斜摄影中，焦距与视场角有着密切的关系，较短的焦距通常会导致较大的视场角，而较长的焦距会导致较小的视场角。这是因为较长的焦距会使图像更加聚焦，从而使成像平面上的图像更小，而较短的焦距则会导致图像更加散焦，从而使成像平面上的图像更大。目前，无人机倾斜摄影测量所使用的相机一般为定焦镜头，焦距长为 20～50 mm，但影像的边缘部分仍然可能出现模糊、变形的现象。这会降低无人机地形建模的精度，还会使模型的表面产生扭曲等现象。一般消费级无人机的镜头畸变较大，因此需要更高的重叠率来拟合相机畸变参数[105]（图 3.3）。镜头畸变参数通常指三个径向畸变参数（k_1、k_2、k_3）、两个切向畸变参数（p_1、p_2），以及仿射和非正交变形项（b_1、b_2）。

ISO 值是指相机的感光度，即对光线的感受能力。无人机倾斜摄影中所使用的 ISO 值取决于多种因素，如光线条件、传感器灵敏度、飞行高度、天气条件等。因此，一般没有一个特定的 ISO 值适用于所有情况。通常情况下，为了获得更好的图像质量，可以选择尽可能低的 ISO 值。这可以减少图像中的噪点，提高图像的清晰度和色彩还原度。同时，较低的 ISO 值也可以提高动态范围，使图像在暗部和亮部细节更加丰富。在光线不足的情况下，为了避免过度曝光或模糊图像，可能需要增加 ISO 值。但是，过高的 ISO 值也会导致噪点增加和图像质量下降。总之,在选择无人机倾斜摄影的 ISO 值时,需要根据具体情况进行权衡和调整,以获得最佳的图像质量和信息获取效果。一般会在飞完一架次后对图像进行检查,检查其是否纹理清晰、是否有过曝现象等,再决定是否需要对 ISO 值进行调整。

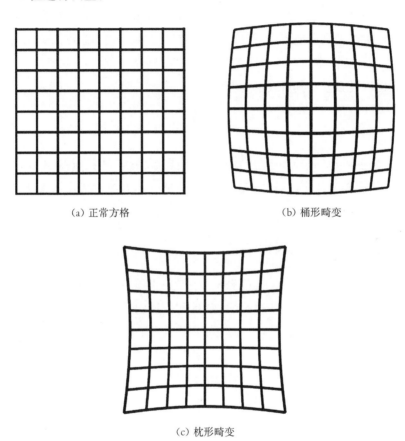

(a) 正常方格　　　　　　　　　　　(b) 桶形畸变

(c) 枕形畸变

图 3.3　影像畸变示意图

（3）飞行器平台

飞行器平台大致可分为两类:固定翼和多旋翼平台。固定翼无人机飞行速度快、作业效率高,适合大范围作业。固定翼无人机可以垂直起降和悬停,飞行灵活,适合小范围高精度作业。飞行器平台对摄影测量精度的影响主要体现在飞行过程中的稳定性以及搭载的 GNSS 和 IMU 精度。平台抗风、抗干扰能力越强,GNSS、IMU 精度越高,成果精度越好。

（4）飞行环境

飞行环境一方面指无人机作业过程中的天气情况,如光照强度、风力等级等,另一方面指植被、水体、地形起伏等样区环境。作业时,选择合适的作业时间(保证充足的光照度,同时避免阴影过大)和无风(或小风)的天气有利于提高成果精度。如果作业区域存在大面积水体或大面积冰层覆盖,将会导致相邻地物辨识度差,难以判别同名点,不能参与摄影测量建模。地形起伏是影响摄影测量高程精度的重要因素之一。由于地形起伏,高程较高的地物在影像中会存在像点偏离(也称投影差),其可表示为[105]

$$\delta_h = \frac{h}{H}r \tag{3.2}$$

式中,δ_h 为投影差(mm),h 是地物与基准面高差(m),H 是航高(m),r 是地物像点到图像中心的像距(mm)。由上式可知,地物相对基准面高差越大,其在影像中的投影误差越大。

3.1.2 控制测量相关因素

控制测量指通过全站仪或 GNSS 等独立于摄影测量的测量方式量测像片控制点的空间坐标。控制点的精度、数量和空间分布是影响摄影测量成果精度的重要因素。通常情况下,控制点除了需要在平面上均匀分布之外,还要考虑高程上的均匀分布。理论上,控制点的数量越多,越有利于精度提高,但是研究表明控制点达到一定数量之后,精度的提高有限[140]。控制点的精度与测量手段(全站仪、静态 GNSS 或 GNSS-RTK)有关,采用不同的测量手段其误差来源和测量精度不尽相同。以 GNSS-RTK 为例,其误差来源有[245]:①GNSS 卫星系统相关因素,如卫星空间分布状况、卫星数量、GNSS 星历等;②RTK 系统相关因素,如基站距离、数据链质量等;③观测环境的影响,如 GNSS 的多路径效应、电磁波干扰等;④其他因素,如对中误差、天线高误差等。

近年来,随着无人机平台的发展,GNSS-RTK 技术也逐渐应用到了无人机上。机载 RTK 可以使无人机拍照的定位精度达到厘米级。若将传统地面控制测量称为间接地理定位技术,机载 RTK 可称为直接地理定位技术[246]。直接地理定位技术很大程度上减少了摄影测量对地面控制点的需求。但是对于地形起伏度较大的复杂地形区仍需要一定数量的地面控制点。

3.1.3　数据处理相关因素

野外像片和控制点数据采集之后,摄影测量数据处理流程也影响着成果的精度。数据处理相关的因素包括摄影测量软件的选择、像控点刺点精度、照片质量控制等。随着数字摄影测量和计算机视觉的发展与融合,当前的大部分主流软件,如 Agisoft Metashape(PhotoScan)、Pix4D Mapper、ContextCapture 等,均包含了传统摄影测量空三加密和计算机视觉中运动恢复结构(SfM)的算法。不同软件的处理结果在精度上已经能达到相同水平[247]。在像控点刺点方面,像控点标志在图像上是否清晰可见,刺点人员刺点的精确度至关重要。通常要求刺点的误差越小越好。此外,研究表明在保证重叠率的前提下,剔除存在曝光、对焦、虚化等问题的质量较差的像片,有利于提高摄影测量建模精度。

3.2　方法设计

3.2.1　优化目标与技术路线

在土壤侵蚀、水土保持工程和流域地表过程等研究中,DEM 是计算侵蚀量、沉积量及监测沟壑发育的重要基础数据。无人机摄影测量已经在地形建模中广泛应用。黄土小流域地形复杂、沟壑纵横。如前文所述,无人机摄影测量精度的影响因素众多,黄土小流域的复杂地形对无人机摄影测量带来了一定的挑战。但是,目前还缺乏面向输沙过程监测的无人机摄影测量方法探讨。

在当前的测绘生产中,1∶500 DEM 是现行标准中比例尺最高的一级。根据规范《基础地理信息数字成果 1∶500、1∶1 000、1∶2 000 数字高程模型》(CH/T 9008.2—2010)[248] 的要求,1∶500 DEM 地面分辨率为 0.5 m。当前大多数消费级无人机像素可达 2 000 万以上,低空飞行时地面分辨率优于5 cm。大量研究表明无人机摄影测量的平面精度已可优于 5 cm,可以满足沟壑侵蚀监测的使用需求。高程精度方面,根据规范《基础地理信息数字成果

1∶500、1∶1 000、1∶2 000 数字高程模型》(CH/T 9008.2—2010)的要求，其高程精度分为一、二、三 3 个级别，不同级别对应的高程精度标准如表 3.1 所示。

表 3.1　数字高程模型精度要求 （单位：m）

地形	一级	二级	三级
平地	0.20	0.25	0.37
丘陵地	0.40	0.50	0.75
山地	0.50	0.70	1.05
高山地	0.70	1.00	1.50

黄土高原水土流失严重、沟壑纵横，大部分区域为黄土丘陵沟壑区。黄土丘陵沟壑区比普通的丘陵区地形更复杂，一般难以达到表 3.1 中对应的丘陵地的精度要求，DEM 高程精度通常低于 0.5 m。当前一般的无人机摄影测量方法精度与该标准规定大致相符。该精度满足基于单期地形数据的数字地形分析研究，如坡度、坡向、流向提取等的使用需求。但是，对于沟壑侵蚀监测或地形变化监测而言，粗于 0.5 m 的高程精度往往难以满足应用需求。以绥德县窑家湾小流域为例，根据野外实测经验，其年均高程变化不到 0.2 m。若地形测绘的 DEM 精度为 0.5 m，在做地形变化检测时很难判断两期数据计算得出的变化量是真实变化还是由于误差引起的。因此，现行规范和当前的无人机摄影测量方法难以满足沟壑侵蚀监测的高程精度需求。

对于沟壑侵蚀监测，需要更高的高程精度。本章后续所提到的精度优化方法主要指高程精度。3.1 节系统地分析了影响无人机摄影测量精度的各个因素。对于给定的无人机，其飞行性能和相机参数等已经固定，无须优化。此外，自然环境如天气等非可控因素也不在讨论范围内。因此，本章以消费级无人机为例，以构建高程精度优于 10 cm 的 DEM 监测黄土小流域多年期侵蚀量或地形变化量为目标，从野外数据采集和内业数据处理两方面探讨无人机摄影测量高程精度的优化方法。技术路线如图 3.4 所示。

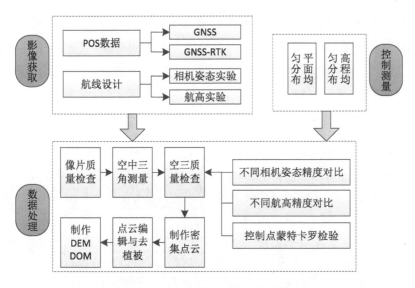

图 3.4　无人机摄影测量技术路线图

3.2.2　数据采集实验设计

（1）航线设计

航线设计是影响无人机摄影测量精度的重要因素。在重叠率方面，已有研究表明高重叠率有利于提高消费级无人机摄影测量精度[134]。此处主要讨论相机拍照姿态和航高对无人机摄影测量高程精度的影响。

倾斜摄影已经被证明有利于改善复杂地形区的无人机摄影测量高程精度[125]。消费级无人机大多搭载单镜头相机。与多镜头倾斜相机不同，单镜头相机在进行倾斜摄影时往往需要进行"井"字形格网飞行。第 1 章中表 1.1 列举了近年来用单镜头相机进行倾斜摄影的相关文献。可以发现不同研究中不同学者使用的相机倾角均不同。为了探索何种相机倾角更适合沟壑侵蚀监测，本研究在榆林市绥德县（T1 和 T2）和延安市安塞区（T3）共选择了三个样区进行相机倾角实验（样区概况详见第 2 章表 2.3）。

本次实验无人机型号为大疆精灵 4 Pro。为了探究纯相机倾角因素对摄影测量精度的影响，本研究在保持飞行高度和重叠率固定不变的条件下进行不同相机倾角的实验。航线设计为"井"字形航线（图 3.5），航向重叠率和旁向重叠率均固定为 80%。考虑到相机倾角过大之后，飞行范围需要更大才能拍完整个研究区;当飞行范围过大时,每张照片的实际观测距离已经远大于航高(由于倾斜摄影)。综合以上因素,相机倾斜角度设置为 0°~50°(其中 0°表示垂直于地面的垂直摄影)。由于样区起伏较大,每次起飞点选择在半山腰处,平均航高 70~100 m,三个样区合计飞行 19 个架次,平均地面分辨率(GSD)1.9~2.7 cm,具体实验方案如表 3.2 所示。

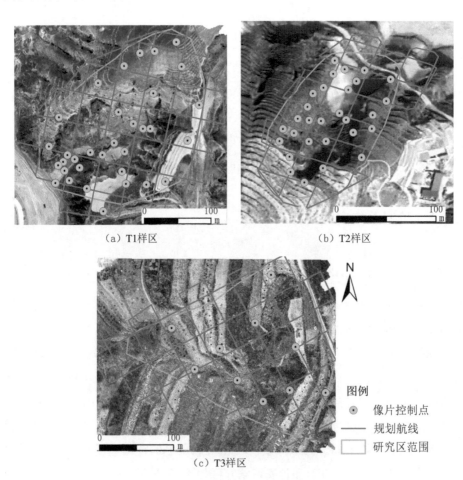

(a) T1样区　　　　　　　　　　　　　(b) T2样区

(c) T3样区

图例

⊙ 像片控制点

—— 规划航线

▢ 研究区范围

图 3.5　研究区航线设计与控制点分布

表 3.2　无人机摄影测量相机倾角实验

样区	相机倾角(°)	航高(m)	飞行架次	地面分辨率(cm)
T1	0,5,10,20,30,40,50	100	7	2.7

续表

样区	相机倾角(°)	航高(m)	飞行架次	地面分辨率(cm)
T2	0,5,10,20,30,40,50	70	7	1.9
T3	0,10,20,30,40	80	5	2.2

除了相机倾角外,航高也是影响精度的重要因素。航高直接影响地面分辨率,间接影响高程精度。根据《低空数字航空摄影规范》(CH/Z 3005—2010)[244]的要求,1∶500 比例尺航摄地面分辨率应小于 5 cm。因此,此次试验飞行高度设计在 60~160 m,地面分辨率为 1.6~4.4 cm。航高实验在绥德县 T1 和 T2 两个样区进行。在相同的样区内,保证相机倾角和重叠率固定不变以进行不同飞行高度的实验,具体实验方案如表 3.3 所示。

表 3.3　无人机摄影测量航高实验

样区	航高(m)	相机倾角(°)	飞行架次	地面分辨率(cm)
T1	60,80,100,120,140,160	0	7	1.6~4.4
T2	60,80,100,120,140,160	15	6	1.6~4.4

（2）控制测量

野外控制测量采用 GNSS-RTK 的方式。GNSS 接收机型号为拓普康 Hiper SR,控制点标靶大小为 1 m×1 m(图 3.6)。在 200 m 的航高内,标靶中心清晰可见。为了保证控制点在平面上和高程上都均匀分布,在每个样区的山脊线、沟沿线和沟底均布设了控制点。T1、T2 和 T3 三个样区分别布设了 33、31 和 10 个像片控制点,其空间分布如图 3.5 所示。

近年来,直接地理定位技术利用机载 GNSS-RTK 使无人机 POS 数据达到了厘米级的精度,减少了对控制点的依赖程度。研究者们在城市和平原地区对直接地理定位技术的精度进行了验证。为了探索直接地理定位技术在复杂地形区的精度和对控制点需求的减少程度。本研究利用大疆精灵 4 RTK 无人机在 T1 和 T2 两个样区进行了实验。实验方案如表 3.4 所示。除了机载 RTK 功能之外,精灵 4 RTK 与精灵 4 Pro 的相机等基本参数相同。表 3.4 中的方案在精灵 4 Pro 的倾角实验中也有对应的飞行方案。通过将精灵 4 RTK 与精灵 4 Pro

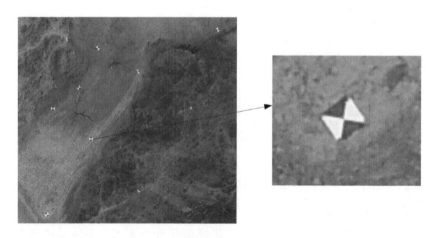

图 3.6　像片控制点示意图

在相同方案下的结果进行对比，探索直接地理定位技术的精度和对控制点需求的减少程度。

表 3.4　直接地理定位实验方案

样区	航高（m）	相机倾角（°）	重叠率（%）	地面分辨率（cm）
T1	100	10	80,80	2.7
T2	70	10	80,80	1.9

3.2.3　数据处理与控制点蒙特卡罗检验

数据处理主要使用 Agisoft 公司开发的三维建模软件 Agisoft PhotoScan。处理步骤主要包含了航片质量检查、空中三角测量、密集点云匹配、点云分类与编辑和 DEM 数据生成。航片质量检查的主要目的是删除存在曝光、对焦、虚化等问题的不适合后续建模的照片。空中三角测量主要是基于像片控制点测量成果，经过内定向、外定向和绝对定向，得到加密点的大地坐标和每张影像的外方位元素，在 Agisoft PhotoScan 中可通过对齐照片、标记照片和相机优化等功能完成[24]。空中三角测量的精度检验是摄影测量过程中最重要的环节之一。空中三角测量（简称"空三"）之后整个项目的精度基本上已经确定。本研究重点关注空中三角测量的精度控制。后续的密集点云匹配、点云分类与编辑和 DEM 数据生成等已经是十分成熟的技术流程，此处不再赘述。

黄土丘陵沟壑区地形破碎,地表起伏大,野外控制点布设的难度巨大。很多时候由于条件限制,无法布设控制点或仅能布设少量控制点。为了验证在无像控的条件下消费级无人机倾斜摄影在沟壑侵蚀监测中的应用潜力,分两组进行数据处理实验。第一组,数据处理中不使用任何控制点参加摄影测量的光束平差过程,仅用三个控制点对空三模型进行平移、旋转和缩放。换句话说,不使用控制点参与摄影测量模型的形状校正,仅通过三个控制点平移、旋转、缩放到正确的地理位置,其余的控制点全部作为检查点,检查模型精度。第二组,使用一半的像片控制点参与光束平差过程,优化模型精度,剩余一半的控制点作为检查点,检查模型精度。

大量研究表明控制点达到一定数量之后,继续增加控制点对摄影测量的精度提升不大。本书将摄影测量精度达到稳定的控制点数量称为控制点饱和数。为了探索不同的相机倾角、不同航高以及直接地理定位技术是否影响控制点饱和数,此处使用蒙特卡罗方法[140,249]设计了控制点检测实验。控制点蒙特卡罗检测在 Agisoft PhotoScan 中执行,通过 Python 脚本不断重复光束平差过程。该实验主要可分为以下两个步骤。

（1）对于每一次实现过程,随机选择一定数量的像片控制点参与光束平差过程,剩余的点作为检查点评价模型精度;保持每次随机选择的控制点数量不变,重复上述过程 50 遍,每次实现过程中记录控制点和检查点的精度。

（2）逐渐增加随机选择的控制点的数量并重复步骤（1）,如分别以 10%、20%、30%、40%、50%、60%、70%、80%、90%的控制点数量实现步骤（1）中的操作。

通过上述蒙特卡罗实验可以得到随着选择控制点数量的增加,控制点和检查点误差的变化情况。此外,还可以通过查看每一个像片控制点作为检查点或控制点时的平均误差,判断每个控制点的质量。若某个像片控制点不论是作为控制点还是检查点时,误差均很大,则说明该点很可能在测量过程中出现了较大误差(对中误差、电磁场干扰等),或者在刺点过程中出现了较大误差。

3.2.4　相机模型参数的影响

光束平差是将所有的摄像机位置和姿态调整到一组最优的数值,以最小化摄像机观测点与三维模型点之间的重投影误差,优化三维模型精度。

在 PhotoScan 中优化相机校准可以对相机参数进行选择,包括焦距 f,像主点位置 c_x、c_y,径向畸变系数 k_1、k_2、k_3、k_4,切向畸变系数 p_1、p_2、p_3、p_4,纵横比与扭曲度 b_1、b_2。

本节实验将围绕这些相机模型参数,设计四种不同的方案(如表 3.5 所示),并设置三种变量分析不同方案的影响。有像控时,首先设置地面点精度。设置不同地面点精度值分别为 1 mm、2 mm、5 mm、10 mm、20 mm、50 mm、100 mm、200 mm、500 mm、1 000 mm,在相机倾角为 0°的时候,每次运行均设置 10 个控制点,其余作为检查点,每种精度运行 50 次,记录误差值。其次设置控制点数量。每种方案设置五种不同控制点数量,分别为 2 个、3 个、5 个、8 个、12 个,在相机倾角为 0°时,每种控制点数量运行 50 次,记录误差值。无像控时,本节实验探讨了相机倾角变化对相机畸变参数相关性的影响。此外,本节实验还设计了在没有控制点情况下,每种相机模型方案的误差空间分布变化。

表 3.5　相机模型参数设计方案表

方案＼参数	焦点	像主点	径向畸变	切向畸变	纵横比与扭曲度
A	√	—	—	—	—
B	√	√	√	—	—
C	√	√	√	√	—
D	√	√	√	√	√

3.2.5　控制点精度评价

控制点精度评价采用中误差(RMSE)指标进行评估。中误差可分为平面中误差和高程中误差。其具体公式如下[155]:

$$\text{RMSE}_X = \sqrt{\frac{1}{n}\sum_{i=1}^{n}(X_i - \bar{X}_i)^2} \tag{3.3}$$

式中,X_i 指检查点(或控制点)i 的坐标测量值,即摄影测量的观测值;而 $\bar{X}_i$ 是对应检查点(或控制点)i 的坐标真实值,即控制测量的观测值。

虽然中误差能代表样区整体的测绘精度,但值得注意的是误差的分布不是均一的,而是在空间上变化的。在不同地形部位的检查点,误差的大小也不尽相同。因此,还需要判断检查点的误差是否存在一定的空间分布模式。若存在,如东方的检查点高程误差全是正值且越往东越大,则说明模型存在系统误差,需要对系统误差进行处理。

3.2.6　误差空间分布评价

M3C2(Multiscale Model to Model CloudCompare)算法,是一种多尺度模型与模型点云比较的方法,能测量两个点云之间的距离,估计置信区间。两个点云分别被称为参考点云和比较点云。

(1)在"核心"点上的计算

该方法是通过使用一组"核心"点来计算距离和置信区间。核心点通常是参考点云的子采样版本,但所有的计算都采用的是原始数据。核心点的引入,大大加快了计算的速度。其结果可以很容易转化为栅格格式,也可以保留为点云数据使用。

(2)两个点云之间的距离计算

一旦定义了核心点 i 的法线,就可以用它将 i 投射到尺度为 d 的每个点云上。定义一个半径为 $d/2$ 的圆柱体(该圆柱体的轴线穿过 i,并由法线矢量 $\vec{N}$ 定向),M3C2 计算示意如图 3.7 所示。为了加快计算速度,圆柱体的最大长度有限制。将每个点云子集投射到圆柱体的轴上,可以得到两个距离的分布。分布的平均值给出了点云沿法线方向的平均位置,两个标准偏差给出了点云沿法线方向的粗糙度 $\sigma_1(d)$ 和 $\sigma_2(d)$ 的局部估计值。如果发生数据缺失等而没有发现可以比较的点云,则不会计算距离。

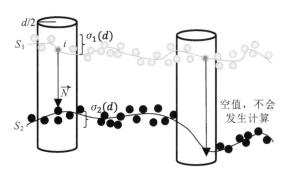

图 3.7　M3C2 计算示意图

由于两个样区的控制点布设密度大,使用全部控制点参与摄影测量过程生成的密集点云数据的精度高,本研究以全部控制点生成的点云作为参考数据,对本章中不同实验方法下生成的点云(实验结果)进行精度评价。本研究主要关注地形高程上的误差,使用 CloudCompare 软件中的 M3C2 工具在 Z 方向对实验数据和参考数据作差,得到实验结果每一个点位的高程误差;然后,通过点云转栅格得到误差的空间分布图;得到误差空间分布图之后,通过标准误差(STD)和平均误差(ME)来对样区整体的误差水平进行评估。平均误差反映了样区整体的系统误差,若平均误差较大,则说明整个样区出现了系统误差,平均误差等于0,则说明没有系统误差。标准误差反映了随机误差的水平,标准误差越小,则随机误差越小。二者的计算公式如式(3.4)和式(3.5)所示。

$$STD = \sqrt{\frac{\sum_{i=1}^{n}(x_i - \bar{x})^2}{n}} \tag{3.4}$$

$$M_{\text{mean}} = \frac{\sum_{i=1}^{n} x_i}{n} \tag{3.5}$$

式中:n 代表整体数量;x_i 代表每一个误差测量值;$\bar{x}$ 代表平均误差。

此外,为了量化误差空间分布的自相关性,本研究计算了不同实验方案下误差分布的莫兰指数,计算公式如式(3.6)所示。莫兰指数反映了误差的空间聚集特征。莫兰指数的值在 $-1 \sim 1$ 之间;其值越接近1,则误差在空间上越聚集分布;其值越接近 -1,则误差在空间上越接近于离散分布;其值为 0,则说明误差为随机分布。

$$I = \frac{n}{S_o} \cdot \frac{\sum_{i=1}^{n}\sum_{j=1}^{n} w_{i,j} z_i z_j}{\sum_{i=1}^{n} z_i^2} \tag{3.6}$$

式中:n 代表整体数量;$w_{i,j}$ 为要素 i 和 j 之间的空间权重;z_i、z_j 分别为要素 i 和 j 的误差值与其平均值的偏差;S_o 为所有空间权重的聚合。

3.2.7　误差处理

误差处理流程如图 3.8 所示。

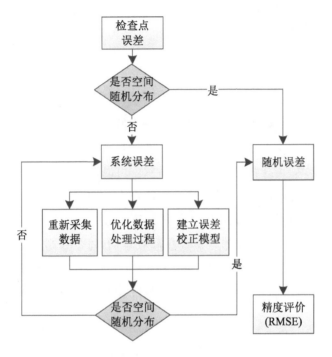

图 3.8　误差处理流程

首先,在研究区均匀地选择一定数量的控制点,检查控制点的误差是否在空间上存在一定的分布模式,若存在,则说明可能存在系统误差;若不存在,且误差在空间上近似随机分布,可用前文所述的 RMSE 进行精度评价。

其次,对于系统误差,可以通过建立误差模型、优化数据处理过程、重新采集数据三种方式进行处理。此处主要考虑建立误差校正模型的方式。在研究区选择一定数量的控制点,可通过如下公式建立误差模型[128]:

$$\varepsilon_Z = a + bX' + cY' + dR^2 \tag{3.7}$$

式中, X' 和 Y' 表示控制点到研究区中心的 x 和 y 方向的距离(m);其中 $R^2 = X'^2 + Y'^2$; a、b、c、d 表示校正参数。

最后,通过误差模型校正之后,再次检查控制点的误差是否空间随机分布,若是,则说明系统误差处理完成;若否,则需重新进行上一步操作。

3.3　实验结果分析

3.3.1　控制点质量分析

　　控制点蒙特卡罗检验后,计算整个蒙特卡罗迭代过程中像片控制点作为控制点或检查点的平均误差。以 T1 样区相机倾角为 30°的实验为例,将每个像片控制点的平均误差可视化,如图 3.9(a)所示。可以发现,其中第 11 和第 14 号点无论作为控制点还是检查点,其平均误差均很大,最高达 0.8 m。第 11 和第 14 号点很可能在测量过程中或刺点过程中出现了较大误差。经检查发现,该两个点在数据处理时刺点位置不准确。经重新处理后,每个控制点的平均误差如图 3.9(b)所示。此时所有点的平均误差均小于 0.05 cm,处于合理范围内。对之后所有的实验方案进行控制点质量分析,剔除控制点误差之后再进行进一步实验分析。

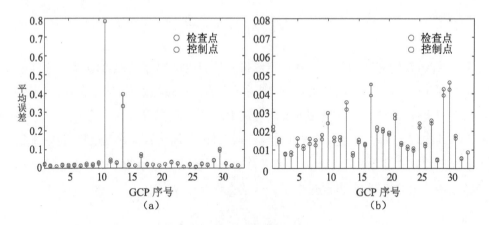

图 3.9　控制点质量分析

3.3.2　相机倾角对高程精度的影响

　　为了验证相机倾角对摄影测量高程精度的影响,本研究分别在有像控(一半控制点作为检查点)和无像控(仅三个点做平移旋转,剩下全部做检查点)的情况下进行了精度分析。不同相机倾角下检查点的高程中误差(RMSE Z)如表 3.6

和图 3.10 所示。在无像控的情况下,相机倾角为 0°(垂直摄影)时三个样区的高程中误差均较大;随着相机倾角的增加,高程中误差减小;倾角大于 10°后,高程中误差变化不大。在有像控的情况下,相机倾角对高程中误差的影响不大(图 3.10),不论是垂直摄影,还是倾斜摄影,高程中误差均很小。

表 3.6　相机倾角对 RMSE Z 的影响　　　　　　单位:m

样区	GCP	相机倾角						
		0°	5°	10°	20°	30°	40°	50°
T1	无	0.354	0.132	0.045	0.038	0.052	0.067	0.051
	有	0.018	0.018	0.012	0.017	0.012	0.014	0.017
T2	无	0.211	0.097	0.051	0.048	0.050	0.043	0.042
	有	0.022	0.023	0.022	0.021	0.019	0.025	0.018
T3	无	0.937	—	0.121	0.045	0.049	0.036	—
	有	0.038	—	0.026	0.023	0.021	0.028	—

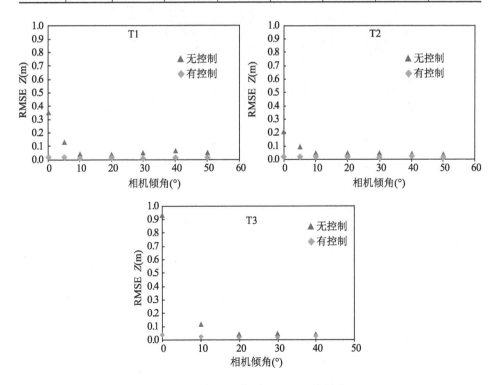

图 3.10　相机倾角对 RMSE Z 的影响

3.3.3 相机倾角对误差空间分布的影响

除了 RMSE 之外,控制点高程误差的空间分布也是一项重要的参考指标。T1 和 T2 样区在无像控下检查点误差的空间分布如图 3.11 所示。T3 样区由于

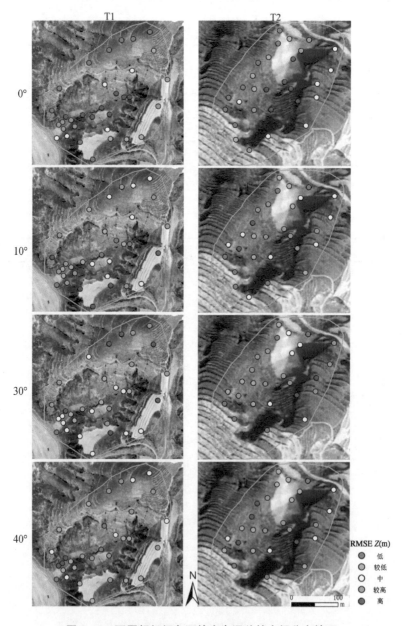

图 3.11 不同相机倾角下检查点误差的空间分布情况

检查点较少,此处不讨论其分布。可以发现,在 T1 和 T2 样区,当相机倾角为 0°时,检查点误差出现了明显的空间聚集;T1 样区东北方向和西南方向山脊线上出现了低值聚集,沟谷中央出现了高值聚集;T2 样区东方向山脊线上出现了低值聚集,沟谷中央出现了高值聚集。这说明摄影测量模型很可能出现了系统误差。使用倾斜相机时,检查点误差的空间分布明显得到改善,其分布较为均匀,没有发现明显的空间聚集分布(图 3.11,由于篇幅原因此处仅展示 10°～40°的倾斜摄影结果)。这一结果表明,使用倾斜摄影,不仅提高了高程精度,还改善了误差的空间分布,一定程度上减少了系统误差。

倾斜摄影对高程误差的改善可能与地形起伏和同名射线交会角有关。黄土小流域中沟壑侵蚀剧烈、地形起伏大、坡面坡度高,使用倾斜摄影时,相对于坡面区域可能更趋近于垂直摄影,此时像片实际地面分辨率更均匀,误差也相对更均匀。同时,使用倾斜摄影时,部分同名射线的交会角变大,使加密点的解算更稳定。因此,当地形起伏度高时,使用倾斜摄影有利于提高测量精度。

为了更好地探索相机倾角对误差的空间分布的影响,本研究使用 M3C2 方法评估了误差的空间分布。使用不同单相机倾角的误差空间分布如图 3.12 所示。T1 和 T2 样区的误差呈现出相同的空间分布模式。当相机倾角为 0°时,误差的分布具有明显的空间聚类特征,正误差集中分布于沟谷区域,负误差集中于山脊区域。当相机倾角大于 10°后,误差空间分布较为均匀。本研究通过平均误差和标准误差来反映样区整体的误差水平。两个样区中平均误差在相机倾角为 0°时最大;当相机倾角大于 10°后,平均误差接近于 0,说明整体上没有系统误差。标准误差的变化趋势与平均误差相同,说明使用倾斜摄影不仅减少了系统误差,也降低了随机误差。

本实验中显示出的系统误差,可能与消费级非量测相机的自校准和镜头畸变校正不稳定有关。使用较大倾角的相机时,光束平差中地面点同名射线的交会角增大,有利于提高平差解算的稳定性。同时,PhotoScan 在光束平差过程中也考虑了相机镜头畸变参数,稳定的光束平差过程将优化相机镜头畸变参数。此外,倾斜角度更大的倾斜图像可以捕捉陡峭的斜坡,并匹配更多的连接点,这也加强了整个光束平差过程。

相机倾角误差的莫兰指数变化如图 3.13 所示。两个样区的莫兰指数值均为正数（p 均小于 0.01,Z 均大于 1.96）,这表明误差的空间分布具有一定的空

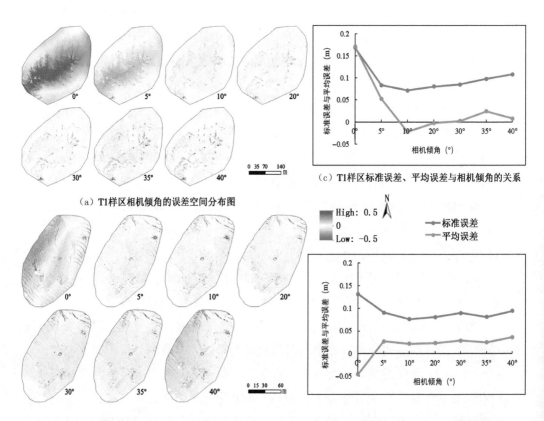

（a）T1样区相机倾角的误差空间分布图

（c）T1样区标准误差、平均误差与相机倾角的关系

（b）T2样区相机倾角的误差空间分布图

（d）T2样区标准误差、平均误差与相机倾角的关系

图 3.12　相机倾角的误差空间分布图

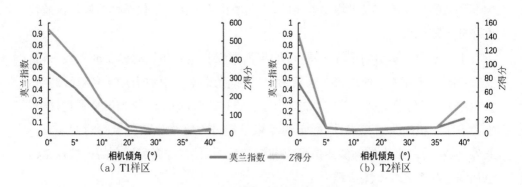

（a）T1样区

（b）T2样区

图 3.13　相机倾角的误差莫兰指数图

间正相关性,即误差在空间上呈现为聚集性,这与图 3.12 的结果一致。但是,随着相机倾角的增加,莫兰指数迅速下降。相机倾角大于 10°之后,莫兰指数逐渐稳定且趋近于 0,说明此时误差近似于空间随机分布。综合图 3.12 和图 3.13,可以发现使用较大倾角(大于 20°)的倾斜摄影不仅降低了整体测量误差,并且改善了误差的空间分布。

3.3.4　相机倾角对镜头畸变校正的影响

倾斜摄影对高程精度的改善可能与相机畸变参数有关。消费级无人机搭载的多为非量测相机,影像畸变大且校检结果不稳定。理想情况下,经过光束平差优化之后,相机的各项畸变参数之间应当互不相关。但是,实际应用中,各项相机畸变参数往往还存在较强的相关性。T1 和 T2 样区中不同相机倾角下的相机畸变参数自相关系数如图 3.14 所示。根据相机畸变原理,其中径向畸变参数(k_1、k_2、k_3)之间的相关是正常的,同理,焦距(f)和主点偏移(c_x、c_y)、主点偏移和切向畸变参数(p_1、p_2)之间的相关也无须关注。这里主要关注径向畸变参数和主点偏移、径向畸变参数和切向畸变参数之间的相关性。前人研究表明这几个参数之间的强相关会导致摄影测量模型的系统误差。从图 3.14 中可以发现,当相机倾角为 0°~5°时,径向畸变参数与主点偏移、切向畸变参数之间的相关性(图中红色虚线框标记部分)均较强。随着相机倾角的增加,相关性减弱。当相机倾角大于 20°时,这几项参数近乎不相关。这与垂直摄影使用全部控制点优化的相机畸变模型的相关系数分布十分相近。这一结果说明使用倾斜摄影优化了相机畸变模型,特别是倾角大于 20°时,可达到使用控制点优化相机畸变模型的相同效果。

3.3.5　相机倾角对控制点饱和数量的影响

在有像控的情况下,相机倾角对高程中误差的影响不大(图 3.10)。但其精度可能随控制点数量变化而变化。此处通过控制点蒙特卡罗检验,探索不同相机倾角下摄影测量精度随控制点数量的变化情况,以及相机倾角对控制点饱和数的影响。T1 样区的实验结果如图 3.15 所示。可以发现,无论是高程误差、平面误差还是总误差,都出现了相同的变化趋势。控制点的误差随着参与光束平差的控制点数量增加而变高,数量达到一定程度之后精度保持不变;检查点的误

基于无人机摄影测量的小流域输沙过程监测与模拟

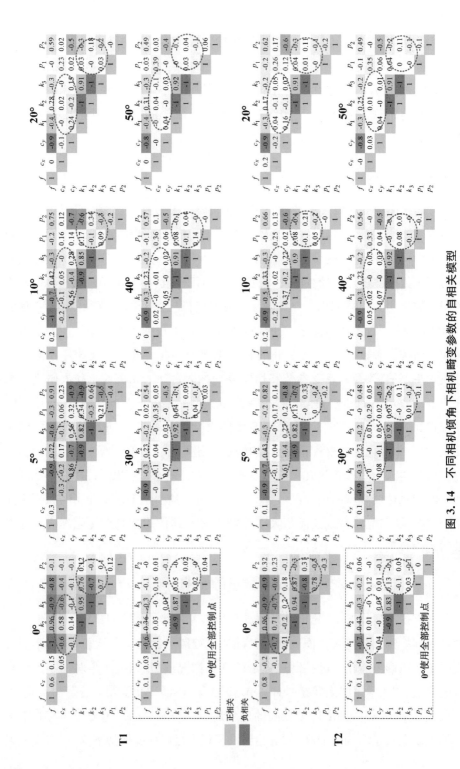

图 3.14 不同相机倾角下相机畸变参数的自相关模型

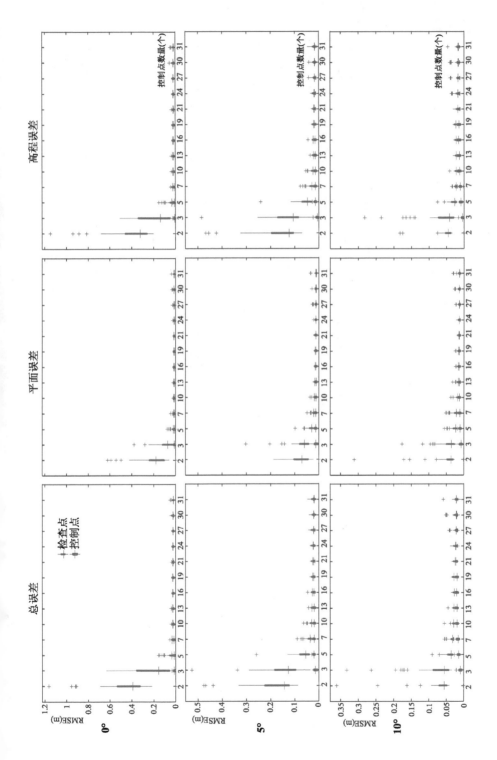

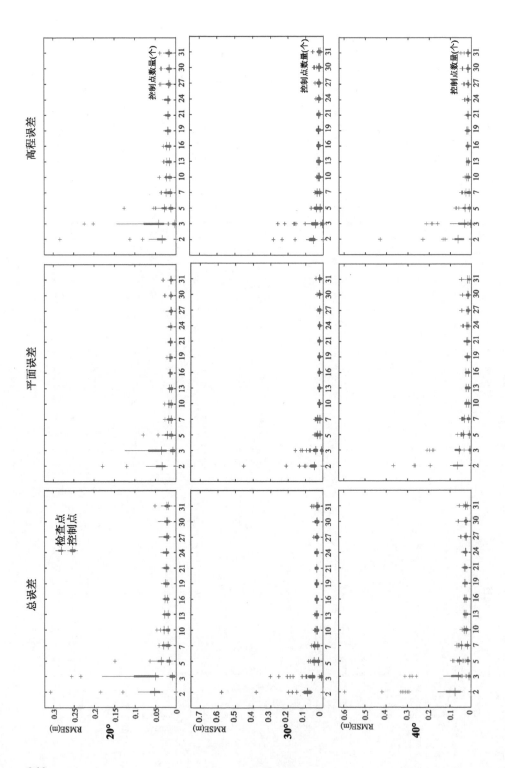

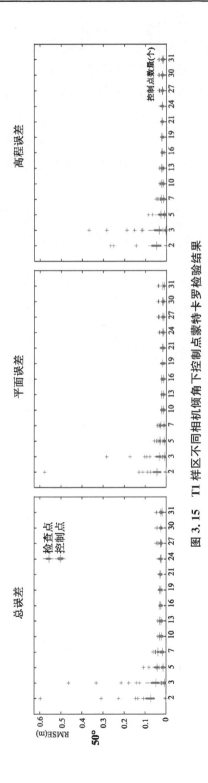

图 3.15　T1 样区不同相机倾角下控制点蒙特卡罗检验结果

差随着参与光束平差的控制点数量增加而降低,数量达到一定程度之后精度保持不变。这说明控制点达到一定数量之后,对摄影测量精度的影响不大。相机倾角并不影响这一趋势。但是通过图 3.15 可以发现,相机倾角对控制点饱和数有明显的影响。使用正射相机(0°)时,高程误差、平面误差和总误差在控制点数量为 5 左右时达到了稳定。而使用倾斜相机时,三个误差在控制点数量为 7 时开始趋近于稳定。这说明使用倾斜相机略微提高了控制点饱和数。

T2 和 T3 样区的控制点蒙特卡罗检测结果如图 3.16 所示。由于高程误差、平面误差和总误差的变化趋势一致,此处仅展示高程误差。可以发现这两个样区的控制点和检查点误差变化趋势和 T1 样区中结果基本一致,但在这两个样区中相机倾角对控制点饱和数的影响更明显。使用正射相机时,T2 和 T3 样区中控制点数量在 5 左右时达到了饱和;而使用倾斜相机时,T2 样区控制点数量在 9 左右时趋近于饱和,T3 样区控制点数量为 8 时才开始趋近于饱和。这一结果验证了 T1 中的结论,使用倾斜相机提高了控制点饱和数。

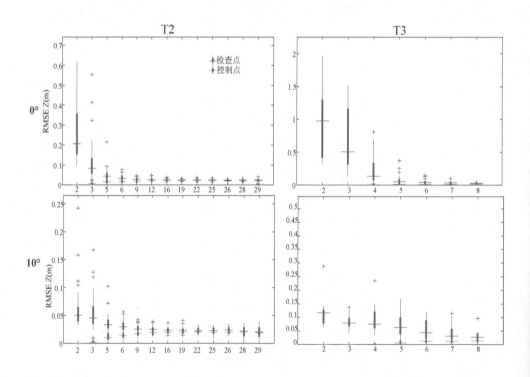

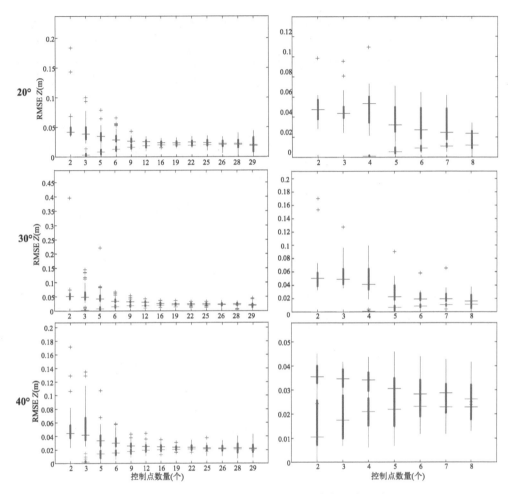

图 3.16　T2 和 T3 样区不同相机倾角下控制点蒙特卡罗检验结果

3.3.6　航高对高程精度的影响

航高对高程精度的影响如表 3.7 和图 3.17 所示。其中 T1 样区影像获取时采用的是垂直摄影，T2 样区采用的是倾角为 15°的倾斜摄影。可以发现，在无像控时垂直摄影（T1）的高程中误差均在分米级，且随航高的增加而增大；而采用倾斜摄影（T2）时，高程中误差均为厘米级，且随航高的变化不大（图 3.17）。其高程中误差详见表 3.7。这一方面验证了 3.3.2 节中倾斜摄影有利于提高高程精度的结论，另一方面说明采用倾斜摄影降低了高程误差对航高的敏感性。

表 3.7　航高对 RMSE Z 的影响　　　　　　　　　单位：m

样区	GCP	航高					
		60 m	80 m	100 m	120 m	140 m	160 m
T1	无	0.385	0.392	0.354	0.724	0.506	0.913
	有	0.024	0.022	0.016	0.017	0.021	0.016
T2	无	0.041	0.036	0.039	0.032	0.033	0.036
	有	0.021	0.022	0.019	0.018	0.017	0.019

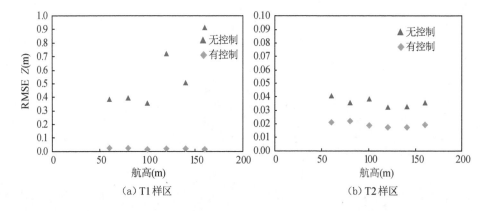

（a）T1 样区　　　　　　　　　　（b）T2 样区

图 3.17　航高对 RMSE Z 的影响

航高对高程精度的影响是一个复杂的多因素过程，一方面，航高直接决定了摄影测量的地面分辨率，而地面分辨率越低，相应的高程误差就会变大；另一方面，航高越高，越有利于降低由于地形起伏引起的投影差（式 3.2）。但是，总的来说，航高越高，高程中误差越大。

为了满足《低空数字航空摄影规范》（CH/Z 3005—2010）的要求，此次试验的飞行高度设计在 60～160 m，地面分辨率均优于 5 cm。理论上，高程精度也可优于 5 cm。一方面，由于倾斜摄影优化了相机畸变模型（图 3.14），降低了系统误差，使摄影测量模型能达到这个精度，所以在 60～160 m 的航高范围内检查点高程误差变化不显著（图 3.17）。在这个精度级别，刺点误差、控制点测量误差等可能比航高更重要。以控制点测量误差为例，本实验采用 GNSS-RTK 的测量方式，高程中误差在 3 cm 左右，在 60～160 m 的航高范围内高程误差的变化可能小于 3 cm，导致难以通过检查点检测航高对误差的影响。另一方面，由于垂直摄影的相机畸变参数分离效果较差，自相关性较强，当航高变高时，将放大相机模型的畸变误差,导致高程误差对航高的变化更敏感(图 3.17)。

在有控制点参与光束平差校正的情况下,在 60～160 m 范围内,高程误差对航高的变化不敏感(图 3.17)。如前文所述,此时的刺点误差、控制点误差等可能更重要。

3.3.7　航高对误差空间分布的影响

使用不同航高的误差空间分布变化如图 3.18 所示。T1 样区中不同航高的误差水平均较大,且航高变化对平均误差和标准误差没有显著的影响,而 T2 样区中误差比 T1 样区低一个数量级,标准误差、平均误差与航高呈正相关关系。T1 样区的误差数量级较大(0.5 m 左右),远高于 T2 样区,这一结果验证了 3.3.2 和 3.3.3 节中的结论,较大角度的倾斜摄影在地形复杂区降低了高程误差,并且其误差空间分布更均匀。

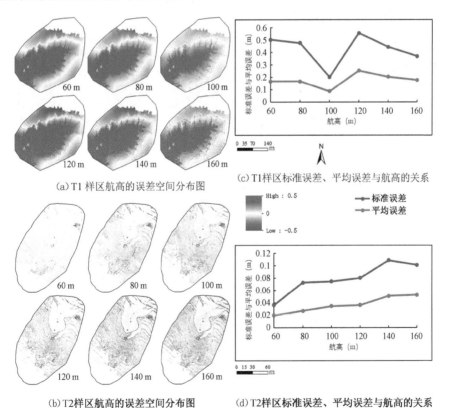

(a)T1 样区航高的误差空间分布图

(c)T1样区标准误差、平均误差与航高的关系

(b)T2样区航高的误差空间分布图

(d)T2样区标准误差、平均误差与航高的关系

图 3.18　航高的误差空间分布图

T1 样区的实验结果与预期结果差距较大。理论上随着航高增加,地面分辨率降低,高程误差也将随之增加。但是,T1 样区由于采用垂直摄影,其误差数量级较大。本实验中的航高变化范围仅为 60～160 m,在这一航高范围内的高程误差变化的数量级(厘米级)很可能远低于垂直摄影本身误差的数量级(分米级),导致本实验结果体现不出航高引起的误差变化。这一结论得到了 T2 样区结果的支持。T2 样区中,航高与平均误差、标准误差呈现出正相关关系。T2 样区采用了相机倾角为 15°的倾斜摄影,由于其误差本身的数量级较小(厘米级),因此能体现航高引起的误差变化(厘米级)。

此外,从图 3.18 还可以发现航高的变化对误差的空间分布较小。尽管航高在变化,由于两个样区的相机倾角没变,其误差的空间分布均表现为同一种模式。不同航高误差的莫兰指数计算结果也支持了这一结论(图 3.19)。T1 样区中不同航高下误差的莫兰指数均很高,说明误差聚类分布。T2 样区的莫兰指数均很低,误差近似于随机分布。

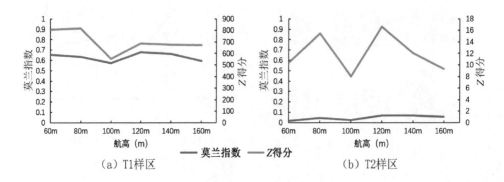

(a) T1样区 (b) T2样区

图 3.19　航高的误差莫兰指数图

3.3.8　航高对控制点饱和数量的影响

为了讨论航高是否影响控制点饱和数量,在不同航高下进行了蒙特卡罗控制点检验,其结果如图 3.20 所示。可以发现,尽管航高从 60 m 变到 160 m,但是 T1 样区(垂直摄影)的控制点饱和数一直在 5 左右,T2 样区(15°倾斜摄影)的控制点饱和数一直在 9 左右。这一方面说明航高基本上不影响控制点饱和数,另一方面也验证了 3.3.5 中倾斜摄影增加了控制点饱和数的结论。

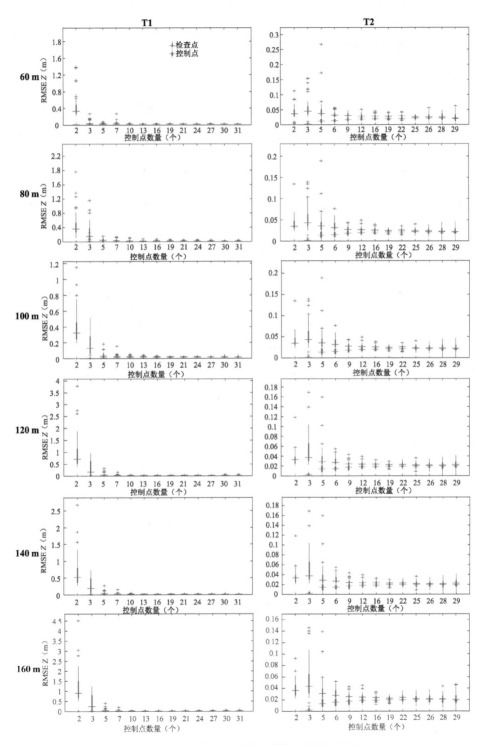

图 3.20　不同航高下控制点蒙特卡罗检验结果

3.3.9 控制点数量对误差的影响

（1）不同相机倾角情景下

不同相机倾角情景下不同控制点数量的误差结果如图 3.21 所示。由该图可以发现检查点的平均误差和标准误差先随着控制点数量的增加而降低，然后趋于稳定。两个研究区都只需要少量的控制点就可以快速提高摄影测量的精度，而进一步增加控制点的数量对误差变化影响较小。这是因为控制点具有高精度的位置信息，能为光束平差提供约束，并定义 SfM 衍生点云的绝对位置和方向，从而提高建模精度。然而，当控制点数量非常大时（T1 区域为 30～31 个时，T2 区域为 28～29 个时），平均误差和标准误差箱线图的盒子高度略微变大，这是因为检查点数量较少，增加了计算的不确定性。除此之外，图中还显示了相机倾角对控制点最佳数量的影响。一方面，控制点达到一定数量后，相机倾角对平均误差和标准误差几乎没有影响；另一方面，较高的相机倾角能降低对最佳控制点数量的要求。比如使用 20°～40°的相机倾角，当控制点数量为 3 时，平均误差接近 0，标准误差接近 0.05 m；而使用 0°～5°的相机倾角，则需要 6～7 个控制点。

本书还计算了不同控制点数量下不同角度莫兰指数的值，结果如图 3.22 所示。需要注意的事，由于少量的检查点无法获得显著的莫兰指数，因此当控制点数量超过 25 个时不再计算莫兰指数。从图 3.22 中可以看出，随着控制点数量的增加，莫兰指数值逐渐降低，这说明控制点的加入有利于改善误差的空间分布。当控制点数量较少时（≤5），莫兰指数随相机倾角的增加而下降；而当控制点数量较多时（>5），这种影响变得不明显。除此之外，结合图 3.21 可以看出，在 5 个控制点之后，平均误差和标准误差是趋于稳定的，莫兰指数可以进一步提高。也就是说，可以使用更多的控制点来改善误差的空间分布。

（2）不同航高情景下

不同航高情景下使用不同数量控制点的误差结果如图 3.23 所示。如前所述，添加少量的控制点可以快速提高精度，但控制点达到一定数量后继续增加只会产生较小的影响，图 3.23 显示的结果亦是如此。当控制点数量较少时（2～3个控制点时），T1 区域平均误差随着航高的增加而增加，而使用了倾斜摄影的

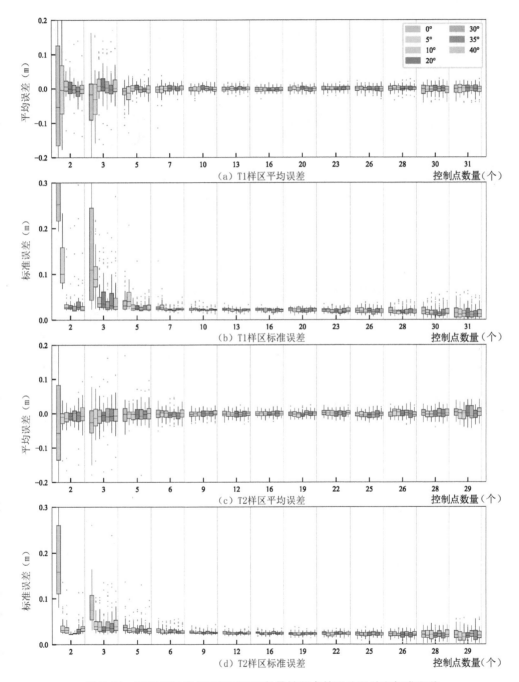

图 3.21　不同相机倾角下使用不同数量控制点的平均误差和标准误差

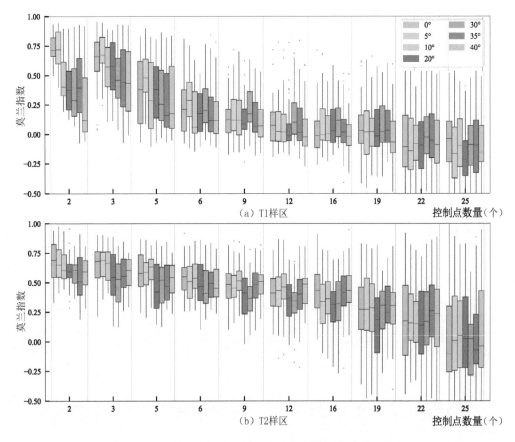

图 3.22　不同相机倾角下使用不同数量控制点的莫兰指数

T2 区域变化则不明显。随着控制点数量的增加,航高对平均误差和标准误差的影响较小。除此之外,可以发现最佳控制点数量对航高变化不敏感。航高从 60 m 变化到 160 m,T1 区域不同航高的控制点最佳数量始终为 5～7 个,T2 区域不同航高的控制点最佳数量始终为 6～12 个。

　　本书还计算了不同航高下使用不同数量控制点的莫兰指数的值,结果如图 3.24 所示。在控制点数量较少的情况下,莫兰指数随着航高的增加而增加。然而,控制点更多时,整体上莫兰指数在降低,但航高变化对莫兰指数变化影响较小,无显著变化趋势。除此之外,在平均误差和标准误差稳定后,可以通过更多的控制点来进一步改善莫兰指数。

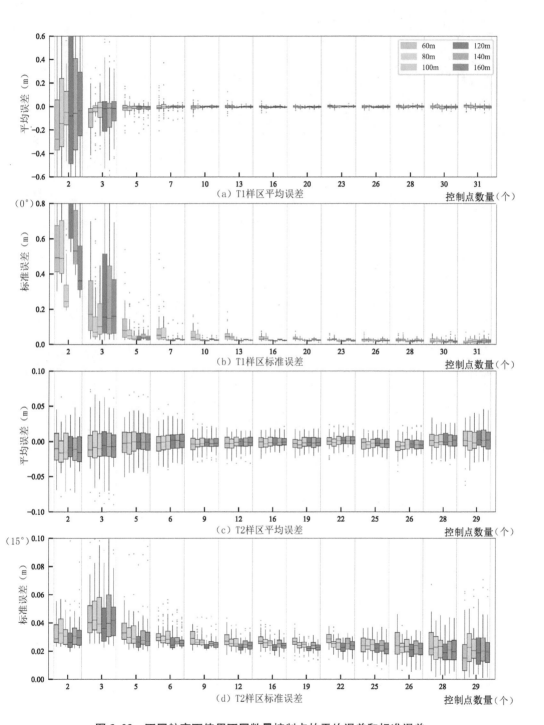

图 3.23　不同航高下使用不同数量控制点的平均误差和标准误差

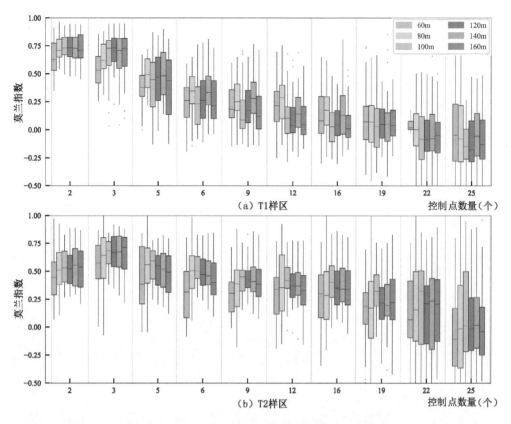

（a）T1样区 控制点数量（个）

（b）T2样区 控制点数量（个）

图3.24 不同航高下使用不同数量控制点的莫兰指数

3.3.10 控制点数量对误差空间分布的影响

从前面的实验结果中可以看出，各种方案的高程中误差都随着控制点数量的增加而降低，随后趋于稳定，整体的变化趋势相同。因此，本节中不再一一对所有方案随着控制点数量变化的误差空间分布进行讨论，仅展示两个样区中垂直摄影时误差空间分布的变化，并进行分析。如图3.25所示，右下角为控制点数量。图中可以发现T1样区与T2样区的整体趋势相近，随着控制点数量的增加，误差的数量级变小，且其空间分布也越近似于随机分布[图3.25（a）和（b）]。样区整体的标准误差、平均误差与控制点数量呈负相关关系[图3.25（c）和（d）]。当控制点达到一定数量时（本组实验中为5个控制点），标准误差与平均误差值趋于稳定，误差空间分布变化也较小。由此可见，少量控制点可以迅速提高样区的整体精度,但在到达一定数量后,控制点对误差的大小和空间分布的影响均较小。

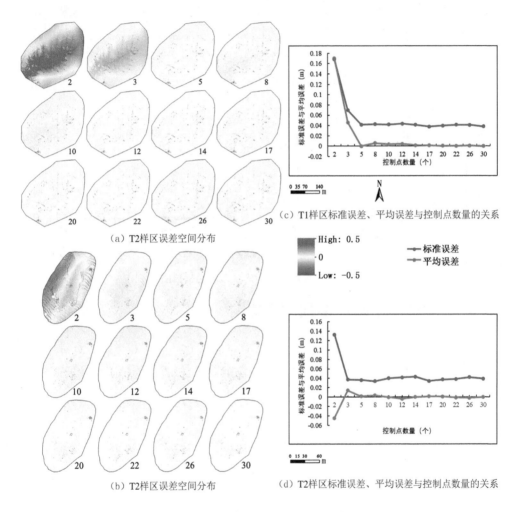

（a）T2样区误差空间分布

（c）T1样区标准误差、平均误差与控制点数量的关系

（b）T2样区误差空间分布

（d）T2样区标准误差、平均误差与控制点数量的关系

图 3.25　控制点数量的误差空间分布图

为了讨论控制点数量对误差空间自相关的影响,本研究计算了不同控制点数量误差的莫兰指数(图 3.26)。当控制点数量较少时,莫兰指数值均大于 0.1(p 均小于 0.01,Z 均大于 1.96),说明误差的空间分布具有空间正相关关系,即误差在空间上出现了高值聚类和低值聚类分布。但是,莫兰指数与控制点数量整体上呈负相关关系。控制点数量越多,莫兰指数越接近于 0。在控制点数量

超过一定数量(T1 样区为 15 个,T2 样区为 12 个)之后,莫兰指数几乎不再变化。这一控制点数量与平均误差和标准误差稳定时的控制点数量不同。平均误差和标准误差在控制点数量为 5 时已经稳定,而此时误差的空间分布(莫兰指数)还可以进一步优化。这说明少量的控制点可以迅速提高样区的整体精度且到达一定的稳定水平,但是要使样区的误差空间分布更均匀,则需要更多的控制点,这一结论也得到前几节的结果印证。

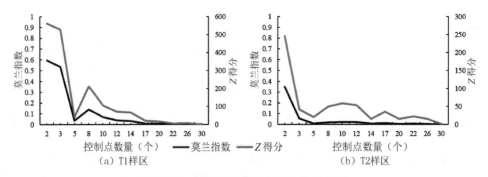

（a）T1样区   莫兰指数 —— Z得分   （b）T2样区

图 3.26 控制点数量的误差莫兰指数图

3.3.11 控制点空间分布对误差的影响

（1）控制点空间分布量化指标

本书设计了量化指标,包括 RMSE、控制点数量、检查点与控制点最近距离、控制点间平均距离以及紧凑程度,探索控制点空间分布量化指标之间的关系。通过 Python 计算各个指标值,其中:

- RMSE 指的是检查点的中误差。
- 检查点与控制点最近距离指的是每次运行后控制点与检查点之间的最小距离。先计算每个控制点和检查点的距离,再通过比较得到最小值。
- 控制点间平均距离通过计算每次运行时各个控制点间的距离,将距离相加后再除以计算次数得到,次数为 $\dfrac{n(n-1)}{2}$,其中 n 为控制点数量。
- 紧凑程度指的是控制点凸包周长与面积开方的比值,通过 ConvexHull 算法,计算周长和面积。紧凑度越小,形状越趋近于圆,紧凑度越大,其形状越趋近于直线。比值越大表示凸包的边界越密集,凸包的形状越紧凑,这通常对应着原始点集的分布更加密集、趋于集中的情形。相反,比值较小表示凸包的边界比较简单,凸包的形状相对宽松,这通常对应着原始点集的分布比较稀疏、不太集中的情形。

(2) 整体误差特征

控制点量化指标结果如图 3.27 所示,图中纵坐标皆为检查点中误差,横坐标分别为控制点数量、控制点平均距离、控制点与检查点最近距离(图中简称最近距离)以及紧凑程度。图 3.27(a)为控制点数量与 RMSE 的关系,结果与前面一致,两者呈现负相关关系,而且是非线性关系。图 3.27(b)横轴为控制点平均距离,经过计算,T1 样区控制点平均距离为 123 m,T2 样区控制点平均距离为 58 m。从图中不难看出多数中误差较小值的点靠近平均距离的中间部分,T1 为 100～150 m,T2 为 40～80 m,这也与样区内当控制点数量较多时,控制点间的平均距离的变动范围相一致。图 3.27(c)横轴为控制点与检查点的最近距离,中误差与其整体相关性不强。图 3.27(d)横轴为紧凑程度,可以发现中误差较小时,即控制点较多时,其值较小,这是由于控制点多时,凸包顶点多为边缘点,呈现分散状。

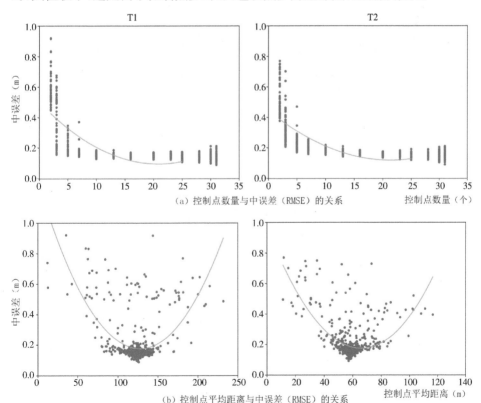

(a) 控制点数量与中误差(RMSE)的关系

(b) 控制点平均距离与中误差(RMSE)的关系

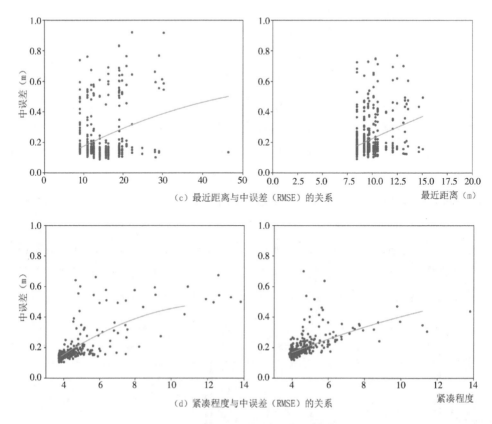

（c）最近距离与中误差（RMSE）的关系

（d）紧凑程度与中误差（RMSE）的关系

图 3.27　控制点量化指标图

此外,其他指标间的关系中,控制点平均距离和控制点数量存在明显的相关关系,随着控制点数量的逐渐增加,控制点间平均距离趋于收敛(图 3.28)。这是由于当控制点较少时,控制点间距离可能近、可能远,因此平均距离值比较分散,而当控制点数量较多时,便逐渐趋于收敛。T1 样区大概趋向于 123 m,T2 样区大概趋向于 58 m,这与图 3.27(b)相一致。

（3）误差空间分布特征

三种空间分布方式的误差空间分布如图 3.29 所示,每种分布方式都选取了 7 个控制点,其余点作为检查点。从该图中可以发现,中心分布在三种分布方式中标准误差值最高,边缘分布次之,空间均匀分布最低,莫兰指数也是如此,但边缘分布与空间均匀分布值很接近。在中心分布方式中,控制点分布的地方误差较小,接近于 0,周围误差相对较大。边缘分布方式与中心分布类似,边缘的误

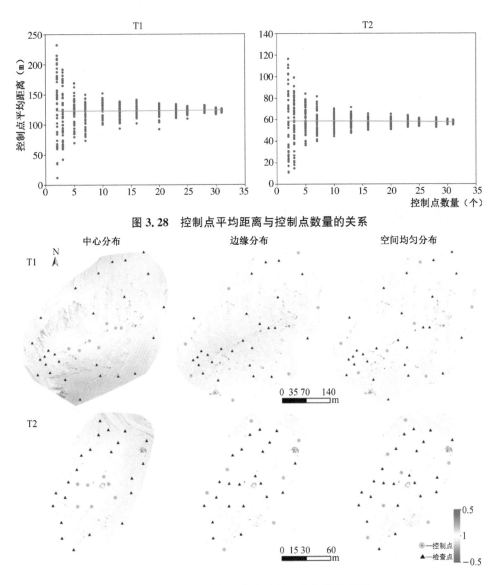

图 3.28　控制点平均距离与控制点数量的关系

图 3.29　不同空间分布方式的误差空间分布图

差较小,接近于 0,中间误差相对于边缘虽然高一些,但与中心分布相比要小。而空间均匀分布,从表 3.8 的结果看,与边缘分布接近,但从误差空间分布图看,空间均匀分布误差明显要比边缘分布更加均匀。

　　总而言之,中心分布方式精度最差,边缘分布和空间均匀分布都能保证样区的精度,但要使误差在空间上分布更均匀,还是要选择空间均匀分布。

表 3.8　三种方式的空间分布误差值

分布方式	T1			T2		
	标准误差（m）	平均误差（m）	莫兰指数	标准误差（m）	平均误差（m）	莫兰指数
中心分布	0.087 5	− 0.032 2	0.071 3	0.052 3	− 0.034 3	0.047 9
边缘分布	0.047 2	0.019 2	0.018 7	0.040 7	− 0.000 9	0.027 9
空间均匀分布	0.045 3	− 0.006 4	0.017 4	0.040 5	− 0.000 8	0.021 7

3.3.12　相机模型参数的影响

（1）不同地面点精度结果

不同地面点精度结果如图 3.30 所示。从该图中可以发现相机模型参数方案 A 相较于其他三种方案，整体上中误差明显要高。当地面点精度从 1 mm 上

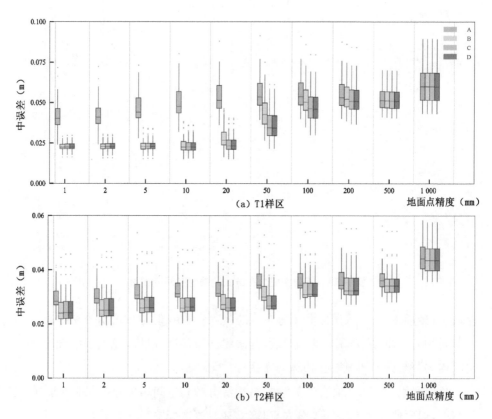

图 3.30　地面点精度变化结果图

升至 100 mm 时,中误差一直处于缓慢上升状态;当地面点精度从 200 升至 500 mm时,中误差几乎不变;当地面点精度为 1 000 mm 时,中误差又有较大的上升。方案 B、C、D 类似,但方案 B 的中误差值开始上升时地面点精度值更小。三种方案在地面点精度为 1~10 mm 时,中误差基本不变;B 方案在地面点精度为 20 mm 时,中误差开始上升;C、D 方案在地面精度为 50 mm 时,中误差开始呈现上升趋势;在地面点精度为 200~500 mm 时,三种方案又表现得几乎一致。因此,使用焦点、像主点、径向畸变、切向畸变或者再加上纵横比和扭曲度的方案最适合用于优化相机对准,也就是光束平差。考虑到复杂度,选择 C 方案,即焦点、像主点、径向畸变、切向畸变参数作为相机模型是最合适的。

（2）不同控制点数量结果

不同控制点数量结果如图 3.31 所示。整体上可以发现在有像控的情况下,不同相机模型参数方案中误差变化几乎可以不计。控制点能提供精确的三维坐

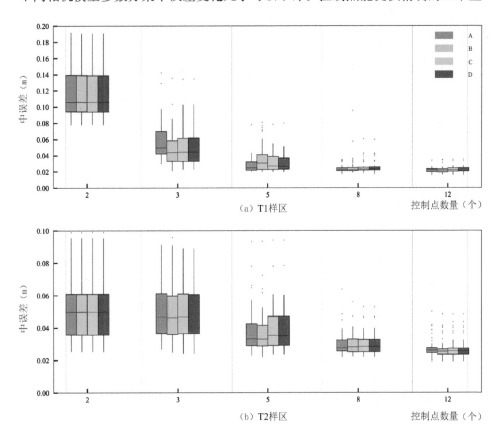

图 3.31　控制点变化结果图

标,定义了外部坐标系的绝对方向和比例,并为光束平差提供约束。相机畸变校正是通过纠正相机光学系统中的畸变来提高测量精度。两者虽然方式不同,但都可以对精度提升产生重要影响。图 3.31 的结果表明控制点对精度的影响很可能远大于不同相机模型参数方案的影响,不同相机模型参数方案带来的误差变化仍需要其他实验分析。此外,理论上相机模型越复杂,需要解算的参数越多,解算速度就会越慢。

（3）不同相机倾角结果

本小节根据前几节结论,采用 C 方案,在无像控时,对相机模型各参数相关性随相机倾角变化进行探索,结果如图 3.32 所示。各参数相关性中,根据前人研究,主要关注像主点（c_x、c_y）与径向畸变（k_1、k_2、k_3、k_4）、径向畸变与切向畸变（p_1、p_2、p_3、p_4）之间的相关性。由图 3.32 中可以发现,当相机倾角较小（$0°\sim10°$）时,除了 p_3、p_4,所关注的参数之间的相关性较强。当相机倾角继续增加时,各参数的相关性明显减弱,接近于 0,即参数间近乎不相关。这与 $0°$ 时使用控制点校正的效果一致,也就是说倾斜摄影可以优化相机模型。此外,从图 3.32 中可以发现,p_3、p_4 整体上都很小,当相机倾角增加时也没有明显变化,在实际相机优化参数选择中可以不选,只选择 p_1、p_2 即可。

（4）误差空间分布

为了探索不同方案对误差空间分布的影响,本书分别就两个样区设置了四种相机模型参数方案。每个方案都采用无像控方式,并用对应的方案进行相机优化,再以 3.2.6 节方法获得误差空间分布图,结果如图 3.33 所示。T1 和 T2 两个样区呈现出相同的变化趋势,A 方案的标准误差最大,B、C、D 方案标准误差逐渐递减。这表明在无像控时,相机模型越复杂,对精度的提升效果越好。从表 3.8 中 A 和 D 的标准误差值上看,精度提高了 3～4 倍。从误差空间分布上看,两个样区的 A 方案都呈现出明显的空间聚类特征,莫兰指数也都接近 1,而随着相机模型复杂度的增加,误差空间得到的一定的改善,改善程度大概在 30%～60%。

总而言之,在无像控的情况下,相机模型方案越复杂,对于精度的提升、误差空间分布的改善越有效。由于 C 和 D 两种方案结果相近,在操作中都可以使用,但 C 方案的模型复杂度相对较低,实际操作中 C 方案更常用。

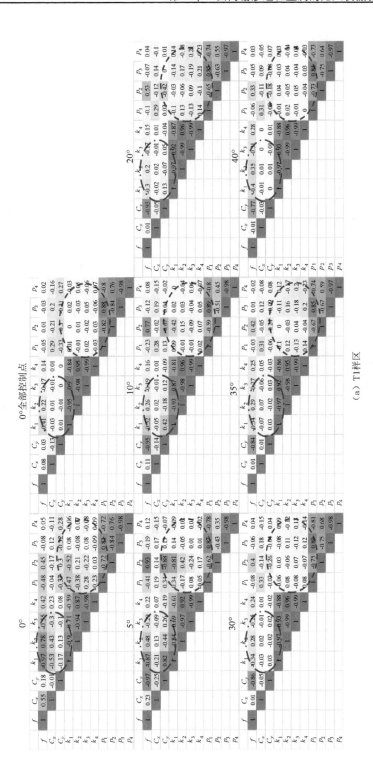

（a）T1样区

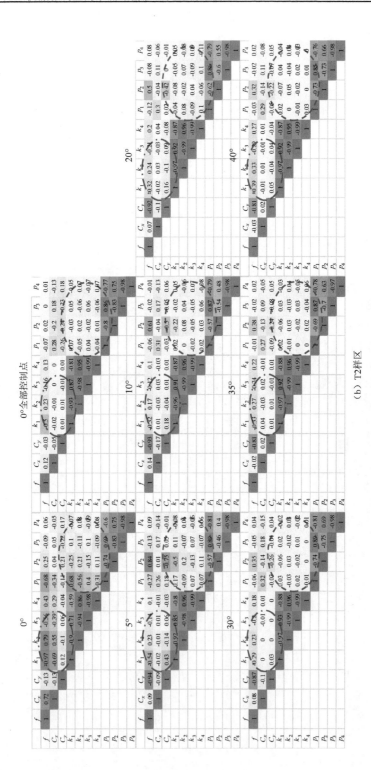

（b）T2样区

图3.32 不同相机倾角相机模型参数相关性变化结果图

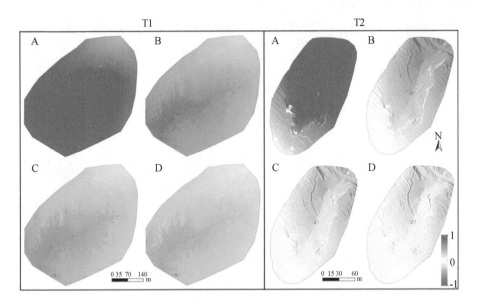

图 3.33 相机模型方案的误差空间分布图

表 3.8 相机模型方案误差值表

方案	T1			T2		
	平均误差（m）	标准误差（m）	莫兰指数	平均误差（m）	标准误差（m）	莫兰指数
A	1.040 0	0.312 9	0.964 2	1.063 2	0.522 3	0.955 5
B	0.461 9	0.141 1	0.894 9	0.280 9	0.210 5	0.773 1
C	0.333 2	0.105 8	0.814 6	0.143 8	0.167 9	0.642 9
D	0.265 8	0.088 0	0.738 5	0.082 8	0.152 2	0.563 1

3.3.13 直接地理定位对精度的影响

为了验证直接地理定位技术（机载 RTK）对控制点数量需求的减少程度,在 T1 和 T2 进行了实验。实验结果如图 3.34 所示。使用直接地理定位技术时, T1 和 T2 样区控制点数量为 5 时达到了饱和,而普通 GNSS 单点定位的对照组分布在 7 和 9 时才趋近于饱和。相对于普通的机载 GNSS 单点定位,使用直接地理定位技术控制点饱和得更快,且达到饱和之后高程精度十分稳定。尽管有研究表明在平原地区使用直接地理定位技术可以免除控制测量,但是,对于复杂地形区而言,少量控制点或许是必不可少的,少量控制点明显有助于提高高程精度(图 3.34)。

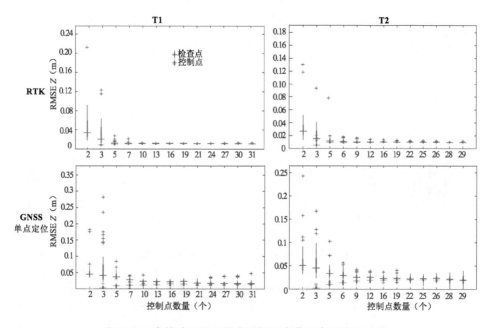

图 3.34　直接地理定位技术下控制点蒙特卡罗检验结果

3.3.14　不同建模软件的对比分析

不同建模软件由于算法、界面可操作性等不同,在精度、模型纹理、建模时间等方面都会有所差异。本节将使用 Agisoft Metashape(PhotoScan)、ContextCapture、Pix4D Mapper、DJI Terra(大疆智图)四种常用建模软件,以 T1样区为实验区,探索并总结不同建模软件的异同。

结果如表 3.9 所示,该表以操作流程为轴,对建模软件进行比较。首先是导入照片。ContextCapture 任务路径中禁止有中文,其他软件无限制。DJI Terra会询问导入照片类型,是可见光、多光谱还是激光雷达点云。DJI Terra 和 Pix4D Mapper 还会询问建模场景。在空三阶段,四种软件皆可设置空三精度,其中PhotoScan 可以设置连接点数和关键点数,Pix4D Mapper 可以设置特征点数,从而可以用于探索连接点数和关键点数对三维建模的影响。在空三所用时间方面,DJI Terra 最短,ContextCapture 则最长,这是因为 DJI Terra 对大疆无人机影像的适配性最高(由于相机和软件的是同一厂商生产)。在相机校准方面,PhotoScan 最为自由,可方便探索相机模型影响。在刺点方面,PhotoScan 最为舒适,Pix4D Mapper 和 DJI Terra 较好,ContextCapture 相对一般。此外,DJI Terra 在密集点云匹配后便不可变动控制点精度,其他软件都有可随时变换控制点精度的功能,可以用于探索地面点精度对三维建模影响。在密集点云匹配方面,四个软件都可以设置不同精度,其中 DJI Terra 速度最快,PhotoScan 最慢。在整体精度方面,由于使用的是大疆精灵 4 专业版无人机,DJI Terra 软件会有一定支持,因此精度最高。在纹理方面,DJI Terra 表现最好,其他三个表现一般。

表 3.9　建模软件对比表

流程	建模软件	PhotoScan	ContextCapture	Pix4D Mapper	DJI Terra
导入照片	任务路径是否有要求	无	路径不能有中文	无	无
	是否询问导入类型	否	否	否	是(可见光/多光谱/激光雷达点云)
	是否询问作业作用/场景	否	否	是	是
空中三角测量	是否有特征点精度/密度设置	有(极高/高/中/低/极低)	有(高/一般)	有	有(高/低)
	是否有连接点/关键点数设置	有	有 PPK 时可设置	有	无
	相机校准	自动/手动	自动/手动	自动/手动	自动/手动
	相机畸变参数	可选(12)	根据相机类型变化,不可手选	根据相机类型变化,不可手选	根据相机类型变化,不可手选
	畸变参数设置	可输入	可输入	可输入	可输入
	空三时间(最高,min)	4.58	5.07	3.30	1.12
	优化相机	有	有	有	有

续表

流程	建模软件	PhotoScan	ContextCapture	Pix4D Mapper	DJI Terra
刺点	自动对齐	是	是	是	是
	控制点精度	可随时变换	可随时变换	可随时变换	密集匹配前
	操作方便度	好	一般	较好	较好
密集点云匹配	是否有精度设置	有(极高/高/中/低/极低)	有(高/低)	有(高/最佳/低)	有(高/中/低)
	密集匹配时间(最高,min)	123.33	58.58	69.28	13.92
检查点中误差	水平方向(m)	0.021	0.035	0.027	0.015
	垂直方向(m)	0.053	0.057	0.052	0.032
	整体误差(m)	0.057	0.067	0.059	0.035
纹理					

总体来说,若使用大疆精灵4专业版无人机获取影像建模,DJI Terra建模速度最快,在精度和纹理方面表现最好,因为DJI Terra对大疆无人机影像建模有加持。但从科研角度来说,PhotoScan可操作设置最多,方便对各种影响因素进行探索。从个人的使用感受上,PhotoScan感觉最为便捷,操作简单,多任务窗口切换方便,适合进行科研工作。

3.3.15　系统误差处理

在3.3.3节中本研究发现0°相机下使用无像控空三处理的检查点误差出现了明显的空间聚集分布模式,存在一定的系统误差。此处以T1样区0°摄影方案为例介绍系统误差的处理。此处使用全部控制点校正后的摄影测量模型生成的DEM为参考数据评价系统误差的处理效果。将0°相机下无像控处理生成的DEM与参考DEM相减,发现其存在明显的系统误差(图3.35)。使用19个控制点拟合式3.7得到误差模型:

$$\varepsilon_Z = 0.011 + 0.0011X' - 0.0014Y' - 1.29 \times 10^{-5}R^2 \qquad (3.8)$$

　　将原始 DEM 减去上式建立的误差得到校正后的 DEM 如图 3.35 所示。可以发现,系统误差基本已经消除。尽管通过一定数量的控制点可以拟合式 3.7 从而在一定程度上消除系统误差,但是这种方法依赖于控制点数量,若控制点数量较少,拟合效果较差,难以消除系统误差。因此,对于系统误差,最好的处理方式是通过优化数据获取方式和数据处理流程来防范系统误差的产生,如"井"字形倾斜摄影、控制点空间上均匀分布、蒙特卡罗控制点质量检查等。

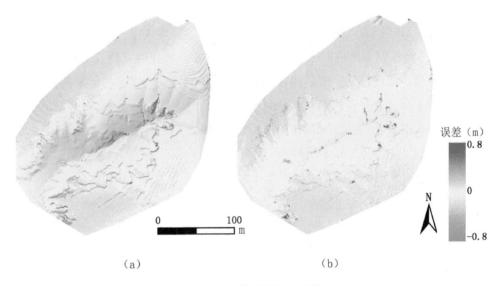

誤差(m)

0.8

0

-0.8

（a）　　　　　　　　　　（b）

图 3.35　系统误差校正效果

3.4　小结

　　本章通过不同相机倾角实验、不同航高实验,直接地理定位与间接地理定位对比实验和控制点蒙特卡罗实验,讨论了面向输沙过程监测的无人机摄影测量高程精度优化方法。实验结果表明:

　　（1）在进行无人机摄影测量数据处理时,应先使用蒙特卡罗检验结果对控制点质量进行分析,排除控制点误差再进行数据处理。

　　（2）在无控制测量的情况下,倾斜摄影有利于改善高程精度。倾斜摄影有利于降低相机畸变参数相关性,减少系统误差,特别是倾角大于 20°时,可达到使用控制点优化相机畸变模型的效果。在有控制点的情况下,相机倾角对高程精度的影响不大,但是影响控制点饱和数量,相对于垂直摄影,其控制点饱和速度略慢。

(3) 在无控制测量的情况下,航高对高程精度的影响与相机倾角有关。使用倾斜摄影时,有利于降低高程精度对航高变化的敏感性,高程精度在 $60 \sim 160$ m 的航高内的变化不明显。使用垂直摄影时,高程精度明显随航高变高而降低。在有控制点的情况下,高程精度在 $60 \sim 160$ m 的航高内的变化不明显。同时航高不影响控制点饱和数量。

(4) 少量控制点就可以迅速提高摄影测量精度,当控制点达到一定数量后,测量精度趋于稳定。莫兰指数亦是如此,但莫兰指数趋于稳定时所需的控制点数量比精度稳定时所需的控制点数量要多。从控制点空间分布来看,控制点中心分布的精度最低,边缘分布和空间均匀分布的精度相似,但空间均匀分布方式所得到的误差在空间分布上更加均匀,莫兰指数更低。

(5) 直接地理定位技术仍然需要少量控制点来提高高程精度,但是其控制点饱和速度更快。

(6) 焦点、像主点、径向畸变、切向畸变参数作为相机模型是最合适的;控制点数量研究表明控制点对精度的影响远大于不同相机模型参数方案对精度的影响。当无像控时,相机倾角研究结果表明倾斜摄影可以优化相机模型;误差空间分布研究证明相机模型越复杂,精度提升越高,莫兰指数越低。

(7) 建模软件研究表明在使用大疆精灵 4 专业版获取的影像时,四种建模软件在精度上有一定的区别,但通过优化方案后区别不大;时间(效率)上 DJI Terra 的效率最高;灵活性上 PhotoScan 可调整的参数更多,灵活性更强。

在使用消费级无人机(如大疆精灵 4 Pro)进行沟壑侵蚀监测时,如因条件限制,样区难以布设控制点,建议使用 $20° \sim 40°$ 的"井"字形倾斜摄影方案,并将设计地面分辨率控制在 5 cm 以内(对于精灵 4 Pro,即航高 200 m 以内);同时应当在遥感影像或者其他资料中至少选取三个平面控制点,将摄影测量模型平移、旋转和缩放到正确的位置。如有条件布设控制点时,可以根据飞行方案合理优化控制点的布设数量。

第4章

顾及误差空间自相关的地形（侵蚀）变化检测

土壤侵蚀、产沙等地表过程往往伴随着地形变化。地形变化检测是研究地表过程的基础。传统的地形变化检测方法往往忽略了地形误差的空间自相关性。本章提出了顾及误差空间自相关的地形变化检测方法。首先,通过模拟实验探讨了误差空间自相关对地形变化检测的影响,以及显著性阈值分割的应用条件;其次,通过蒙特卡罗方法评估无人机摄影测量的误差空间分布;最后,基于误差空间分布图进行误差传播和地形变化检测。

4.1 方法基础

4.1.1 地形误差传播

（1）误差传播

通过将两期 DEM 相减可以计算地形（高程）变化量（DoD）。但是,DEM 中的测量误差难以避免。在计算地形变化量时,往往需要对地形误差进行传播。两个观测量进行加减时的误差传播定律如下[156]:

$$\sigma_{x+y} = \pm\sqrt{\sigma_x^2 + \sigma_y^2 + 2p\sigma_x\sigma_y} \tag{4.1}$$

式中,σ_x、σ_y 分别为观测量 x 和 y 的中误差;p 表示观测量 x 和 y 之间的相关系数,范围在 $0 \sim 1$ 之间;若两个观测量之间是独立测量,则 p 值为 0;若两个观测量之间完全相关,则 p 值为 1。

由于计算地形变化量的两期 DEM 通常是独立观测,根据误差传播定律（式4.1）,地形变化量的误差 σ_{DoD} 为

$$\sigma_{DoD} = \pm\sqrt{(\sigma_{DEM1})^2 + (\sigma_{DEM2})^2} \tag{4.2}$$

式中,σ_{DEM1}、σ_{DEM2} 分别为第一期 DEM、第二期 DEM 的中误差。

得到地形变化量的误差之后,可以进行地形变化显著性检测。

(2) 地形变化显著性检测

根据统计学 t 检验的原理,一个标准差范围内的显著性(或置信度)约为 68%,此时计算出的 σ_{DoD} 在统计学上的显著性也约为 68%。对于地形变化检测,一般希望得到在更高显著性或给定显著性水平下的真实地形变化。因此,需要将地形变化量转换成相应的 t 统计量(假设误差随机分布)并进行显著性检测。根据 t 检验原理,地形变化量对应的 t 统计量为[152]

$$t = \frac{|Z_{DEM1} - Z_{DEM2}|}{\sigma_{DoD}} \tag{4.3}$$

式中,Z_{DEM1}、Z_{DEM2} 分别表示第一期 DEM 和第二期 DEM 的高程(m)。

得到地形变化的 t 统计量之后,可以通过界值表查看其对应的显著性。此时又可以分两种方式进行下一步的处理。一方面,可以使用一定的显著性阈值将 DoD 分为显著变化和不显著变化两个区域,在进一步计算体积变化量时,仅考虑显著变化的区域。另一方面,可以把显著性作为权重值赋予地形变化量,但此种方法较少使用。

4.1.2　体积误差传播

DoD 的重要应用之一是计算体积变化量(或侵蚀量、沉积量)。与使用显著性阈值分割后仅考虑显著变化区域的方式不同,此处使用原始的全部 DoD 进行体积计算,再从误差传播的角度考虑体积变化量的整体误差。

体积变化量等于面积与地形变化量的乘积。对于单个像元,其体积变化量误差 σ_v 为[152]

$$\sigma_v = L^2 \sigma_{DoD} \tag{4.4}$$

式中,L 表示像元大小。

对于整个样区而言,体积变化量等于每个像元变化量的累加。根据误差传播定律,总体积变化量误差 σ_V 为[154]

$$\sigma_V = \sqrt{\sum_{i=1}^{n} L^4 \sigma_{DoD_i}^2 + 2\sum_{i=1}^{n}\sum_{j\neq i}^{n} L^4 p_{i,j}\sigma_{DoD_i}\sigma_{DoD_j}} \tag{4.5}$$

式中，L 表示像元大小；n 表示整个样区的像元个数；σ_{DoD_i}、σ_{DoD_j} 分别表示第 i 个和第 j 个 DoD 的误差；$p_{i,j}$ 表示第 i 个和第 j 个 DoD 之间的相关性。

若 σ_{DoD} 是随机误差，不存在空间自相关，式 4.5 可化为：

$$\sigma_V = \sqrt{n} L^2 \sigma_{DoD} \tag{4.6}$$

若 σ_{DoD} 是随机误差，但在空间上存在自相关，根据 Rolstad 等[158] 的研究，式 4.5 可化为：

$$\sigma_V = \sqrt{n} L^2 \sigma_{DoD} \sqrt{\frac{\pi a_i^2}{5L^2}} \tag{4.7}$$

式中，a_i 为 σ_{DoD} 半变异函数的变程。式 4.7 相当于式 4.6 乘上了一个空间自相关因子 $\sqrt{\dfrac{\pi a_i^2}{5L^2}}$。

若 σ_{DoD} 是系统误差，即在空间上完全相关，任意 $p_{i,j}$ 均为 1，则式 4.5 可化为：

$$\sigma_V = nL^2 \sigma_{DoD} \tag{4.8}$$

即体积误差等于样区面积乘以地形变化量的中误差。

4.2 方法设计

4.2.1 总体设计

本章所指的地形变化检测包括两个方面，即地形（高程）变化量和体积变化量的检测。顾及误差空间自相关的地形变化检测方法如图 4.1 所示，包括高程变化量的计算、误差空间分布评估、显著性检测与阈值分割、体积计算、体积误差传播等步骤。

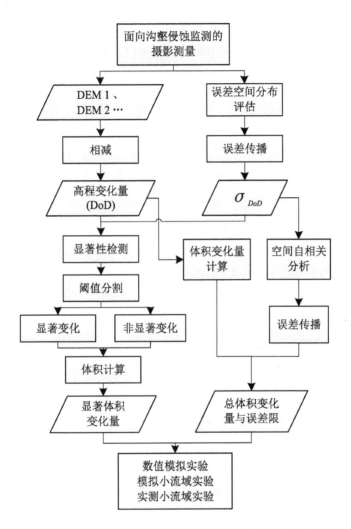

图 4.1　顾及误差空间自相关的地形变化检测方法技术路线

4.2.2　误差空间分布评估方法

　　量化 DEM 误差的空间分布是后续检测高程变化和体积变化的重要前提。尽管中误差(RMSE)可以代表样区的整体测量精度,但是却无法量化误差的空间分布。在第 3 章中,本研究展示了通过大量检查点来评估误差的空间分布,但是,由于这种方法野外工作量太大,在实际应用中难以推广。本节通过光束平差蒙特卡罗模拟方法[130]来模拟摄影测量的误差空间分布。其基本思想是模拟控制点和相机位置网络的误差,通过多次重复光束平差过程查看加密点(特征点)坐标的误差(不确定性),具体步骤如下。

(1)摄影测量预处理。在 PhotoScan 中完成刺点和空中三角测量等基本处理。

(2)误差模拟。把使用全部控制点优化空三之后得到的相机位置网络作为初始网络。然后,根据控制点的测量精度和相机位置(POS)测量精度分别构建正态分布误差模型。控制点测量精度与测量手段有关,如 GNSS-RTK 一般为平面 1 cm,高程 3 cm。相机位置测量精度与飞行器平台有关。

(3)重复光束平差。对于每一次光束平差,在原始的空三网络中添加步骤(2)中模拟的随机误差,记录每一次光束平差结果。

(4)计算加密点点位误差。由于每次空三网络中均添加了一定的随机误差,其每次平差后的加密点点位也不同。当模拟次数达到一定的次数时,每个加密点的点位标准差将趋近于稳定。此时的点位标准差即加密点误差。由于加密点数量大而且是空间上分布的,因此将高程误差通过插值转栅格即可得到 DEM高程误差的空间分布。

4.2.3　显著性检测与阈值分割

如 4.1.1 节所述,得到地形误差后,可以将地形误差传播到地形变化量中并进行显著性检测。由于技术手段的限制,传统方法往往使用中误差进行显著性检测。但误差往往是空间上分布的,不同点位的显著性阈值应当不同。因此,当知道误差的空间分布时,应使用误差空间分布图进行显著性检测,此时,式 4.2变为

$$\sigma_{DoD_i} = \pm\sqrt{(\sigma_{DEM1_i})^2 + (\sigma_{DEM2_i})^2} \qquad (4.11)$$

式中,σ_{DEM1_i} 和 σ_{DEM2_i} 表示对应 DEM 中第 i 个像元处的误差(m)。通过这种方法算出来的 σ_{DoD_i} 也是空间上分布的。此时,若根据式 4.3 可以计算每个像元处的显著性,可发现每个像元处的显著性阈值也不同。

地形变化量显著性的重要应用之一是根据给定的显著性阈值划分显著变化

和非显著性变化区域,简称显著性阈值分割。68% 和 95% 是常用的两个显著性检验阈值。此处简略介绍这两个显著性下的检测公式。根据式 4.3 和 t 检验界值表,使用 68% 和 95% 显著性阈值时,阈值分割公式分别为:

$$| Z_{DEM1_i} - Z_{DEM2_i} | > \sigma_{DoD_i} \tag{4.12}$$

$$| Z_{DEM1_i} - Z_{DEM2_i} | > 1.96\sigma_{DoD_i} \tag{4.13}$$

即,两期 DEM 之差分别大于 1 倍和 1.96 倍 σ_{DoD_i} 时,可认为地形分布在 68% 和 95% 的显著性水平下发生了变化。

4.2.4 量化误差空间自相关

半变异函数是衡量空间自相关的经典模型,其计算公式如下[250]:

$$\gamma(x, h) = \frac{1}{2} Var \left[Z(x) - Z(x+h) \right] \tag{4.14}$$

式中,$\gamma(x, h)$ 是半变异函数值;$Z(x)$ 是区域变量 Z 在 x 位置的值;$Z(x+h)$ 是区域变量 Z 在距 x 点距离为 h 处的值。半变异函数难以直接求解,通常选取特定的半变异函数模型之后拟合半变异函数值。此处采用高斯模型和多项式回归法拟合半变异函数[251]。

块金、基台和变程是半变异函数的三个重要参数。根据式 4.7,其中影响空间自相关误差传播的主要是变程。图 4.2 展示了一个无空间自相关的随机误差和一个有空间自相关的随机误差的半变异函数拟合效果。可以发现,当变程为 0 时,可认为误差是空间上完全随机分布,空间自相关性为 0;当变程增大时,空间相关性增强。使用半变异函数得到误差空间自相关的变程之后,利用式 4.7 可得到体积误差。

4.2.5 数值模拟实验设计

为了讨论显著性阈值分割对累计体积变化量的影响,什么时候该用阈值分割,什么时候不用阈值分割,此处设计了一个数值模拟实验。数值模拟实验分为无地形变化、净堆积、净侵蚀和混合变化四个组,具体实验方案如表 4.1 所示。前三组每组模拟一个 40×40(即观测数)的栅格,初始像元值代表地形变化量的

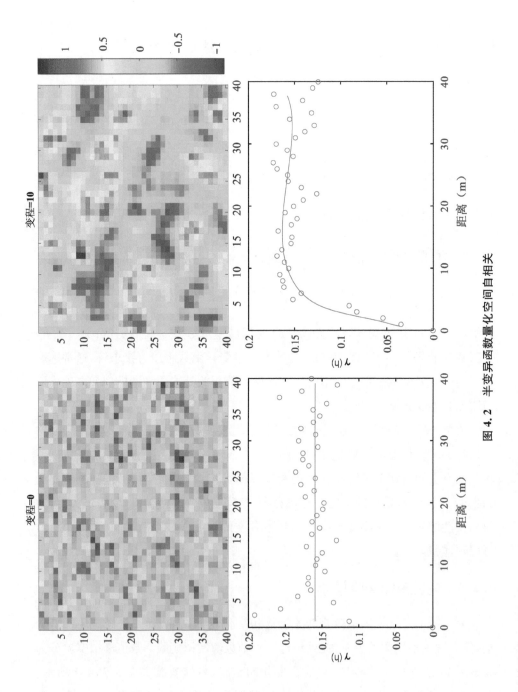

图 4.2 半变异函数数量化空间自相关

真值,无地形变化、净堆积和净侵蚀的初始像元值分别为 0、1 和 −1。在每组中分别添加一个空间随机分布的白噪声(半变异函数变程＝0),和一个空间上自相关的白噪声作为观测值(半变异函数变程＝10),然后分别在有阈值分割和无阈值分割的条件下计算观测到的毛侵蚀量、毛沉积量和净侵蚀(沉积)量。混合变化组的模拟观测数为 300 个,真实变化量在 −1∼1 之间线性变化,其他操作和前三组一样。

表 4.1　误差模拟实验

	真实变化量	误差特征	观测数	显著性阈值
无地形变化组	0	正态分布: $u = 0,$ $\sigma = 0.4$	40×40	68%
净侵蚀组	1			95%
净沉积组	−1		300	95%
混合变化组	−1∼1			95%

4.3　实验结果分析

4.3.1　数值模拟实验结果

图 4.3 展示了真实地形变化量为 0 时,随机误差对地形变化检测的影响。可以发现,随机误差对毛侵蚀量、毛沉积量的影响较大,随着观测(像元)数的增加,毛侵蚀量、毛沉积量的误差不断累积[图 4.3(g)]。但随机误差对净变化量的影响不大[图 4.3(g)]。这是因为随机误差服从正态分布,在算净变化量时,正误差和负误差往往能互相抵消。

有空间自相关的随机误差对整体毛侵蚀量、毛沉积量和净变化量的影响和无自相关随机误差的影响相似,但是,其净变化量的波动更大[图 4.3(h)]。有空间自相关时,误差聚集分布,高值误差的周围也是高值误差[图 4.3(b)],在进行累加时,误差会累计,直到遇到低值区域误差才会抵消,所以其净变化量的波动较大。

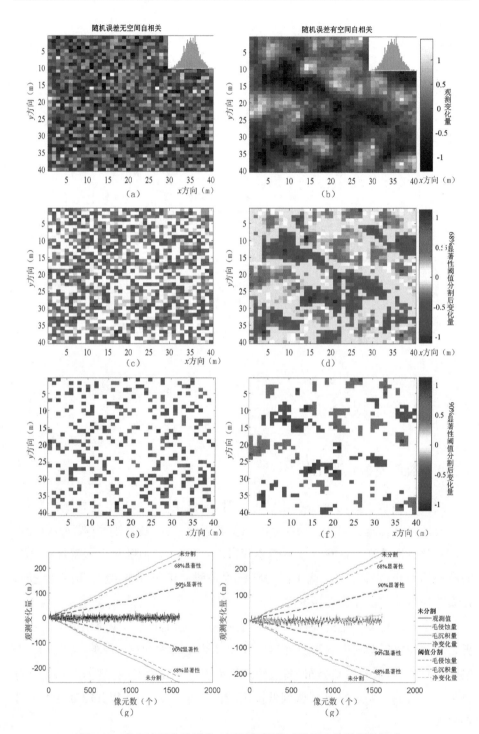

图 4.3　真实地形变化量为 0 时随机误差对地形变化检测的影响

尽管误差空间自相关对变化总量的计算影响不大[图 4.3(h)],但其对观测变化量的空间分布影响很大[图 4.3(b)]。在实际应用时,纯随机误差由于在空间上随机分布,研究者一般不会认为局部区域发生了侵蚀或者沉积[图 4.3(c)];但是,有空间自相关的随机误差往往会造成对成片区域侵蚀或沉积的误判[图 4.3(d)]。使用显著性阈值分割可以降低随机误差的空间自相关模式,当使用的显著性阈值达 90% 时,相对于原始观测值,误差的空间分布已经不明显[图 4.3(f)],降低了误判的可能性。

由于误差空间自相关对整体毛侵蚀量、毛沉积量和净变化量的影响和无空间自相关的相似,主要影响其空间分布,后续讨论毛侵蚀量、毛沉积量和净变化量的计算时仅以纯随机误差为例。当真实高程变化量为 0 时,显著性阈值分割对净变化量的影响不大,其净变化量累计曲线与不分割时几乎重叠[图 4.3(g)和(h)]。整个模拟区域的净变化量观测值如表 4.2 所示,使用阈值分割或不使用阈值分割的观测值均在真值的误差限内。在毛侵蚀量和毛沉积量方面,显著性阈值分割不能完全消除误差,但能在一定程度上降低误差的累积效应,且显著性阈值越高,越能降低毛侵蚀和毛沉积量的误差累计[图 4.3(g)和(h)]。

表 4.2　不同条件下地形净变化量观测值

	真实值	观测值(无分割)	观测值(显著性阈值分割)
无变化组	0	2.65 ± 16	1.75 ± 16(68%)
净侵蚀组	1 600	1 602.65 ± 16	1 498.28 ± 16(95%)
净沉积组	− 1 600	− 1 597.34 ± 16	− 1 460.70 ± 16(95%)

当真实地形变化量表现为净侵蚀或净沉积时,实验结果如图 4.4 所示。此时毛侵蚀(沉积)量就是净变化量。可以发现,当真实变化为净侵蚀或净沉积时,无显著性阈值分割的净变化量观测结果更接近于真实值,使用显著性阈值分割的净变化量观测结果偏差较大(表 4.2)。这与随机误差的补偿效应有关,当地形净侵蚀(沉积)时,由于误差的影响,一部分区域的侵蚀(沉积)量会被高估,相应地,会有另一部分的侵蚀(沉积)量被低估。因此,误差对整体的净变化量影响不大。而使用阈值分割会忽略一部分像元的变化量,导致计算净变化量时的信息损失。

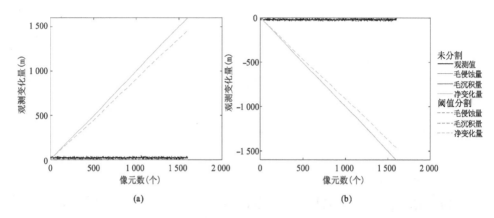

图 4.4　真实地形变化量表现为净侵蚀或净沉积时随机误差对地形变化检测的影响

　　理论上,在地形较为稳定(或变化量非常小)的区域,计算毛侵蚀或毛沉积量时,应当使用显著性阈值分割减少累计误差;计算净变化量时,一般不使用显著性阈值分割,仅通过误差传播查看其误差限。在以侵蚀或沉积为主(变化量较大)的区域,计算毛侵蚀、毛沉积量和净变化量时,可以不使用显著性阈值分割;但在查看局部区域变化情况或变化量空间分布情况时,建议使用显著性阈值分割。在实际应用中,往往既有地形稳定的区域,又有侵蚀和沉积区域,这种时候一般考虑把样区分割,分为稳定区、侵蚀区和沉积区来分别计算。

　　小流域作为天然的地理单元,在进行地理研究和分析时,学者们通常希望得到以流域为单元的特征值。因此,在以流域为单元进行地形变化检测时,需要考虑误差对整体的影响,而不是分割计算。当样区中既存在稳定区域,又存在侵蚀和沉积区域时,模拟实验结果如图 4.5 所示。可以发现,毛侵蚀量和毛沉积量一直在增加,但增加的速率不同;毛侵蚀量先增加后趋于稳定,毛沉积量先不变后加速增加,这与侵蚀和沉积区域的分布有关。净侵蚀量先增加后减少也与侵蚀和沉积区域的分布有关,当累计遍历完整个样区时,净侵蚀量趋近于 0。整个样区的各变化量观测结果如表 4.3 所示。当使用原始观测值直接累加计算毛侵蚀量和毛沉积量时,误差较大;而使用 95% 显著性分割之后,误差较小。这一结果说明,由于稳定区域的存在,在对小流域整体计算毛侵蚀量和毛沉积量时,应当使用显著性阈值分割。但显著性分割对净变化量的影响不大(表 4.3),因此计算净变化量时使不使用阈值分割均可。

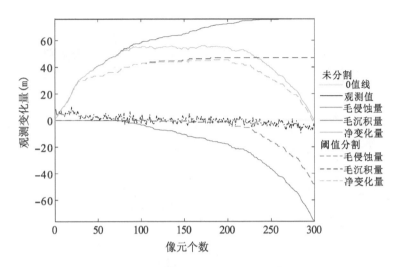

图 4.5   随机误差对地形混合变化区的影响

表 4.3   地形混合变化下各变化量观测值

	真实值	观测值(无分割)	观测值(95%显著性分割)
毛侵蚀量	50	76.18±4.89	46.9±4.89
毛沉积量	−50	−76.03±4.89	−46.17±4.89
净变化量	0	0.15±6.92	−0.72±6.92

对于黄土小流域,特别是后期进行输沙过程模拟时,本研究希望毛侵蚀量(产沙量)越准越好,同时尽量消除误差的空间自相关。因此,在以小流域为对象做地形变化检测时,使用显著性阈值分割更好。

4.3.2   模拟小流域地形变化检测结果

将每个时期的第 1 期 DEM 减去第 2 期 DEM 得到地形变化量,其中正值表示侵蚀,负值表示沉积。由于模拟小流域高程精度非常高(2 mm),且控制点误差在空间上随机分布,此处根据其高程中误差进行误差传播,得到地形变化量的中误差约为 2.83 mm。为了查看地形变化量的空间分布,此处选择使用显著性阈值分割。模拟小流域的地形变化量都是厘米级,比其误差(2.83 mm)直接高了一个数量级,因此,地形变化量的显著性都非常高,此处直接使用 95%的显著性阈值进行变化检测,结果如图 4.6 所示。

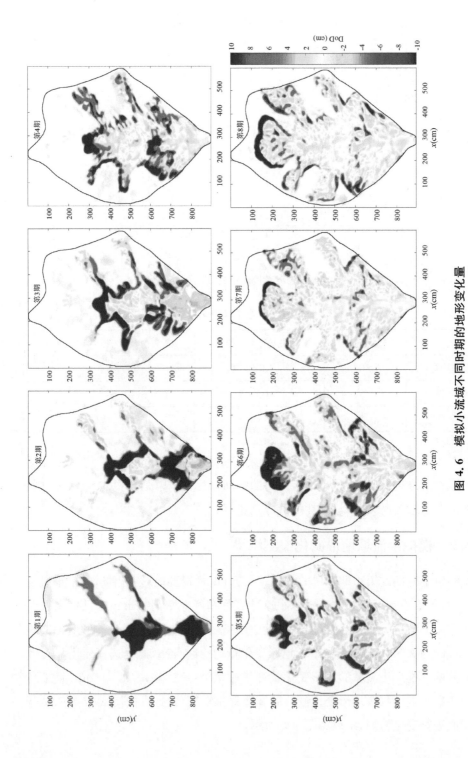

图 4.6 模拟小流域不同时期的地形变化量

可以发现,发生沉积的区域随着沟壑的发育逐渐变多,主要分布在沟道和小流域下游区域;侵蚀剧烈的区域主要分布在沟沿线附近,体现了沟壑的溯源侵蚀。在无阈值分割和95%的显著性阈值分割下的毛侵蚀量、毛沉积量和净变化量如图 4.7(a)和表 4.4 所示。毛侵蚀量和净变化量有随时间增加而下降的趋势;而毛沉积量有随时间增加而增加的趋势[图 4.7(a)],但整体上各时期还是

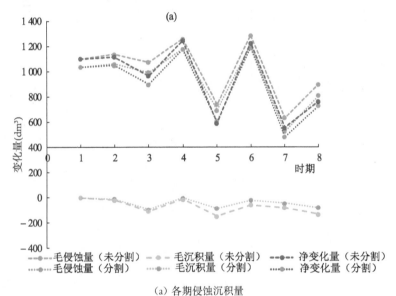

（a）各期侵蚀沉积量

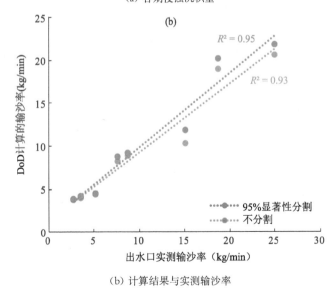

（b）计算结果与实测输沙率

图 4.7　模拟小流域计算结果

表 4.4 模拟小流域地形变化检测结果

时期		1	2	3	4	5	6	7	8
毛侵蚀量(dm³)	95%显著性分割(误差)	1 035.24 (±0.09)	1 058.65 (±0.10)	991.73 (±0.10)	1 179.16 (±0.12)	692.04 (±0.09)	1 210.63 (±0.12)	524.27 (±0.11)	807.50 (±0.11)
	未分割(误差)	1 100.62 (±0.13)	1 134.18 (±0.13)	1 073.65 (±0.13)	1 259.73 (±0.14)	739.46 (±0.11)	1 285.15 (±0.13)	631.36 (±0.13)	896.50 (±0.13)
毛沉积量(dm³)	95%显著性分割(误差)	0.00 —	-11.12 (±0.03)	-94.27 (±0.05)	-3.40 (±0.03)	-87.71 (±0.07)	-21.71 (±0.05)	-44.85 (±0.05)	-79.89 (±0.07)
	未分割(误差)	-0.02 (±0.01)	-18.96 (±0.03)	-108.50 (±0.05)	-13.51 (±0.04)	-149.36 (±0.09)	-59.45 (±0.06)	-79.99 (±0.07)	-132.87 (±0.08)
净变化量(dm³)	95%显著性分割(误差)	1 035.24 (±0.09)	1 047.53 (±0.10)	897.47 (±0.12)	1 175.75 (±0.12)	604.33 (±0.12)	1 188.92 (±0.13)	479.42 (±0.12)	727.61 (±0.13)
	未分割(误差)	1 100.60 (±0.13)	1 115.22 (±0.13)	965.15 (±0.15)	1 246.21 (±0.14)	590.10 (±0.14)	1 225.70 (±0.15)	551.37 (±0.15)	763.63 (±0.16)
输沙率(kg/min)	95%显著性分割(误差×10^{-3})	3.96 (±0.35)	18.96 (±1.86)	8.20 (±1.06)	20.66 (±2.07)	4.53 (±0.87)	8.93 (±0.96)	10.30 (±2.68)	3.72 (±0.67)
	未分割(误差×10^{-3})	4.21 (±0.49)	20.18 (±2.42)	8.82 (±1.33)	21.90 (±2.52)	4.43 (±1.07)	9.21 (±1.11)	11.84 (±3.17)	3.91 (±0.79)
	出水口观测值	3.61	18.75	7.64	24.97	5.17	8.77	15.12	2.81

以侵蚀为主。由于该样区 DEM 精度较高,使用显著性阈值分割和不使用阈值分割的结果差距较小[图 4.7(a)]。整体上使用显著性阈值分割后的结果均小于不分割的结果,这与预期的一致。

为了与流域出水口观测得到的输沙率对比,将净体积变化量乘以土壤容重再除以每期降雨时间,得到各期的小流域输沙率(表 4.4)。通过相关性分析,发现使用 DoD 计算得到的输沙率和实测的输沙率相关性非常高[图 4.7(b)]。使用显著性阈值分割和不分割的区别不大,两种方式的 R^2 分别为 0.93 和 0.95($p <$ 0.01)。 这一结果说明使用 DoD 计算小流域输沙率是可行的,计算时使不使用显著性阈值均可。

4.3.3　实测小流域地形变化检测结果

通过蒙特卡罗模拟得到四个实测小流域的高程误差空间分布如图 4.8 所

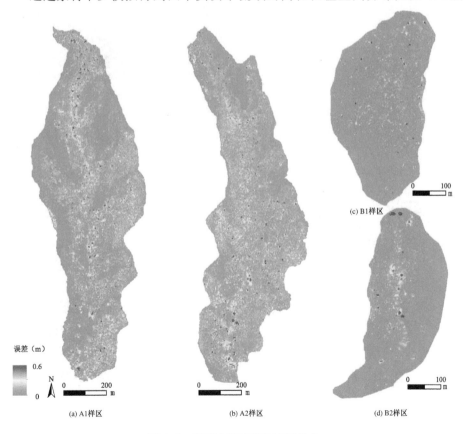

(a) A1样区　　　　　(b) A2样区　　　　　(c) B1样区　　　　　(d) B2样区

误差(m)
0.6
0
N
0　　200
m
0　　200
m
0　　100
m
0　　100
m

图 4.8　实测小流域误差空间分布

示。从图中可以发现,高程误差较大的区域多分布在沟谷区域,坡顶和山脊区域的误差相对较小。这一结果与摄影测量原理相符。由于沟谷地有两侧山坡遮挡,航片在该区域重叠率低,导致特征点解算的不确定度高。而沟间地视野开阔,无遮挡,能被更多的航片所拍到,相对精度高。

以 A1 样区为例,将第 1 期 DEM 减去第 2 期 DEM 得到地形变化量(图 4.9)。A1 样区的地形变化较大,平均地形变化量约为 0.5 m。其中,在南边出水口处出现了最大负变化,对比遥感影像可知该处修筑了淤地坝并且有人工回填;在最南边右侧山坡出现了两处极大正变化,对比遥感影像发现该处存在人工的山体开挖;同时在有新修道路和梯田的下游区域沉积(或回填)明显。分别使用中误差和误差空间分布图进行误差传播和显著性检测[图 4.9(c)和(d)]。可以发现,地形变化量较小区域的显著性均较低,如流域最左侧的山顶区域;而地形变化量大的区域的显著性非常高,如流域南侧的几个剧烈变化区域的显著性均接近于 1。

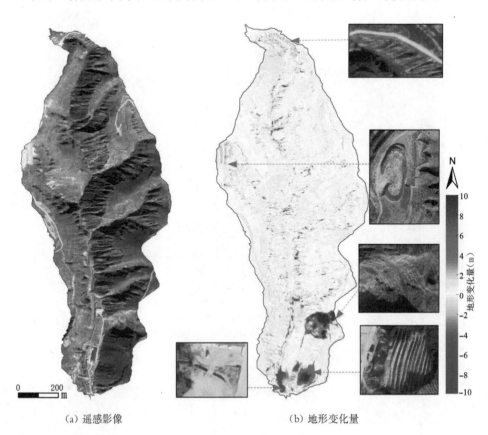

(a) 遥感影像　　　　　　　　　　　(b) 地形变化量

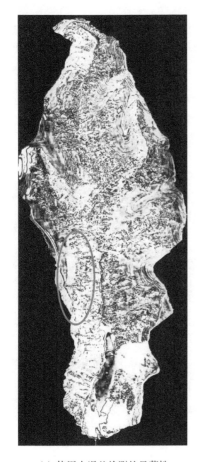 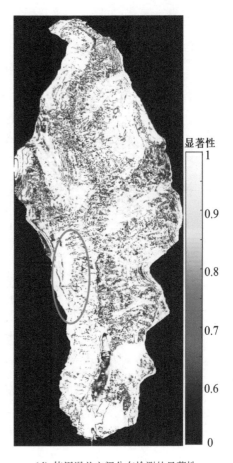

（c）使用中误差检测的显著性　　　　　　（d）使用误差空间分布检测的显著性

图 4.9　地形变化量与显著性

　　整体上看,使用误差空间分布图进行误差传播检测出来的地形显著变化区域更多。特别是在正地形坡面区域,许多使用中误差检测时显著性较低的区域在使用误差空间分布图进行检测时显著性明显变高,如图 4.9 中蓝色框标记区域。这跟误差的空间分布有关,由图 4.8 可知,在正地形区域误差更低,因此,进行显著性检测时,较小的变化量也能表现出较高的显著性。

　　使用中误差和误差空间分布图,分别在 68% 和 95% 的置信度水平下进行了地形变化检测。四种不同方式检测到的变化区域面积不同,如表 4.5 所示。在四个样区中,使用中误差检测到的变化面积均小于使用误差空间分布图时检测到的变化面积。当使用中误差检测,显著性阈值从 68% 提高到 95% 时,四个样区检测到的面积下降了 17.21%～36.72%；而使用误差空间分布图检测时，其下降程度较低，下降范围为 11.82%～29.97%。随着置信度的提高，不论使用哪种方式，检测到的变化区域均有一定程度的下降。但是，使用误差空间分布时，下降程度更低，说明使用误差空间分布图进行检测时对置信度水平的敏感性更低，即，尽管使用了不同的置信度检测水平，但发生真实变化的区域总能被识别。因此，在后续研究中使用误差空间分布图代替中误差进行地形变化检测。

表 4.5　不同检测方式下检测的地形变化面积

样区	中误差检测			误差空间分布图检测		
	68%显著性	95%显著性	下降程度	68%显著性	95%显著性	下降程度
A1	82.46%	61.26%	21.20%	87.12%	74.35%	12.77%
A2	84.74%	67.53%	17.21%	88.26%	76.45%	11.82%
B1	57.41%	20.69%	36.72%	66.27%	36.30%	29.97%
B2	57.72%	27.14%	30.58%	63.95%	35.95%	28.00%

为了查看地形变化量的空间分布和计算毛侵蚀量、毛沉积量，此处选择统一使用 95%显著性阈值进行地形变化检测。四个样区在 95%显著性下的地形变化量空间分布如图 4.10 所示。可以发现 A1 和 A2 样区中显著变化的区域明显比 B1 和 B2 样区多。这和地形变化量的数量级有关，A1 和 A2 样区的两次测量之间间隔了 13 年，这 13 年里地形的累计变化量最高超过 10 m。而 B1 和 B2 样区两次测量间隔仅 5 年，累计变化量最高仅 1 m 左右。在进行显著性检测时，由于 A1 和 A2 样区变化量均很大，显著性均很高，误差的影响较小；而 B1 和 B2 样区变化量较小，许多区域的变化量量级和误差量级相当，显著性低，以 95%显著性为界时被认为是无显著变化。

得到地形变化量之后可以计算整个流域相应的毛侵蚀量、毛沉积量和净变化量。这里要注意的是，四个样区的高程误差具有一定的空间自相关，根据地形变化量计算体积时，误差传播需要考虑空间自相关。各样区的半变异函数拟合情况如图 4.11 所示。A1、A2、B1、B2 样区的变程分别为 100 m、95 m、80 m、85 m。将半变异函数拟合得到的变程代入式 4.7 中进行误差传播得到各样区的体积误差。这里将体积和体积误差直接乘以各样区的土壤容重，得到质量和质量误差。

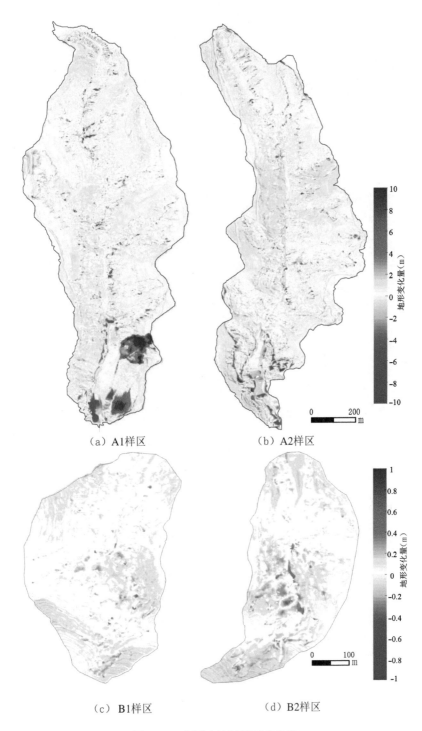

（a）A1样区　　　　　　　　　　（b）A2样区

（c）B1样区　　　　　　　　　　（d）B2样区

图 4.10　实测小流域地形变化量

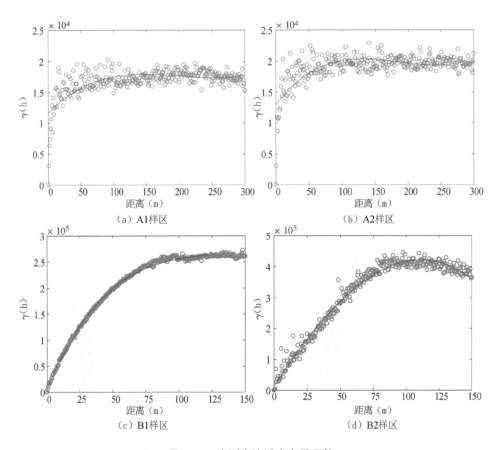

图 4.11　实测小流域半变异函数

各样区的毛侵蚀量、毛沉积量和净变化量的计算结果如表4.6所示。四个样区的毛侵蚀量、毛沉积量、净变化量分别为 14 642.17～215 870.70 t、964.96～43 088.44 t、11 095.11～172 782.26 t。毛侵蚀量均远大于毛沉积量，说明各样区均以侵蚀为主，此时的净变化量即输沙量。将净变化量除以时间得到 4 个样区的输沙率为 2 219.02～12 341.59 t/a(表 4.6)。高海东[252]在王茂沟流域根据关地沟 4 号淤地坝和背塔沟淤地坝的淤积信息计算得出两个与 B1 和 B2 样区相似大小的流域的产沙量为 1 904～2 689 t/a。这与本书的计算结果相近，说明根据无人机摄影测量监测小流域的输沙率是可行的。A1 和 A2 样区还没有关于侵蚀产沙方面的前人文献，但是这两个样区与 B1 和 B2 样区相隔不远，土地利用类型也基本一致，四个样区的产沙模数一般相差不大。由于 A1 和 A2 的面积约是 B1 和 B2 样区的 5 倍,所以其年均输沙率算出来也约是另外两个样区的 5 倍。

四个样区的输沙率绝对误差范围为 664.76～800.56 t/a,相对误差为 6.24%～29.96%,说明使用无人机摄影测量计算小流域年均输沙率是可行的。其相对误差与小流域的绝对变化量和地形测量误差有关。地形变化量数量级越大,地形测量精度越高,相对误差越小。

表 4.6　实测小流域地形变化量及输沙率

样区	毛侵蚀量 (t) (误差)	毛沉积量(t) (误差)	净变化量 (t) (误差)	输沙率(t/a) (误差)	输沙率 相对误差
A1	210 709.34	− 41 395.90	169 313.44	12 093.82	6.62%
	(±10 173.24)	(±4 703.33)	(±11 207.86)	(±800.56)	
A2	215 870.70	− 43 088.44	172 782.26	12 341.59	6.24%
	(±9 685.18)	(±4 733.91)	(±10 780.20)	(±770.01)	
B1	15 523.22	− 964.96	14 558.26	2 911.65	26.50%
	(±3 589.14)	(±1 415.46)	(±3 858.16)	(±771.63)	
B2	14 642.17	− 3 547.07	11 095.11	2 219.02	29.96%
	(±3 196.08)	(±912.49)	(±3 323.79)	(±664.76)	

4.4　讨论

4.4.1　量化地形变化量误差

影响地形变化量误差的因素很多,包括 DEM 自身测量误差和不同时期 DEM 的配准误差。配准误差对 DoD 计算至关重要。特别是在地形起伏较大的地区,两期 DEM 之间较小的配准误差,也可能导致较大的高程差异。由于本研究在测量过程中使用了相同的永久控制点,两期 DEM 的坐标系完全一致,不需要配准,因此,本书主要研究基于 DEM 计算 DoD 误差时的垂直误差。但是,将该方法应用于其他样区和领域时,配准是至关重要的。DEM 配准的方法千差万别。最简单的,如果有可用控制点,我们可以通过四参数或七参数变换(三个平移因子、三个旋转因子和一个缩放因子)将一个 DEM 平移、旋转和缩放到另一个 DEM,以与之配准。然而,在大多数情况下,稳定的控制点可能无法获取。因此,不能使用控制点拟合参数进行配准。在这种情况下,一种可能的解决方案是采用迭代最邻近点算法(ICP),直接将任意坐标中收集的 DEM 数据进行自动配准。

在使用本章提出的地形变化检测方法时,应先量化 DEM 误差的空间分布。利用无人机摄影测量获取 DEM。摄影测量因素(如几何成像、图像质量和图像内连接点识别的质量)或地理参考因素(如控制测量相关精度)会影响 DEM 精度。蒙特卡罗光束平差结合了地面控制点、相机网络和光束平差,以获取每个连接点的误差。虽然这种方法对摄影测量 DEM 是有效的,但 DEM 的来源很多,对于其他来源的 DEM(例如 LiDAR DEM 和 InSAR DEM)可能无法适用,此时,空间插值和模糊推理系统可作为候选的方法评估 DEM 误差的空间分布。

4.4.2　可检测的地形变化水平

可检测的地形变化主要与 DoD 误差和实际地形变化的大小有关。理论上,DoD 误差与实际地形变化幅度之比越大,可检测的变化越少,反之亦然。前人研究中报告的可检测 DoD 范围为 $0.01\sim0.20$ m。随着对地观测技术如全球导航卫星系统(GNSS)、航空或地面激光雷达和低空/近景摄影测量的进步,采用合理的测量方案可以将误差降低到厘米或毫米级。在这个 DEM 误差水平下,大多数地表变化都可以使用高精度 DEM 数据进行检测。

虽然采用合理的测量方案可以最大限度地减少测量误差,但始终不能消除误差,我们还需要对误差进行进一步处理。t 检验和显著性阈值被广泛用于最小化误差的影响和识别真实变化。这里需要注意一个前提,t 检验假设误差是高斯分布的随机误差。若在系统误差的情况下,采用这种方法检测到的 DoD 和体积变化可能是错误的。通常情况下,系统误差应最小化到至少比平均地形变化小一个数量级,才可使用本章方法进行地形变化检测。

显著性阈值对毛侵蚀量和毛沉积量的计算至关重要,但对稳定区域的净变化量计算不重要。这与 Anderson[154] 的研究结果一致。此外,虽然阈值法给出了局部区域内更精确的地形变化,但它可能低估了由观测损失而引起的总(全局)净变化。许多研究讨论了显著性阈值。根据前人研究,通常情况下,寻找阈值分割的最佳置信水平是困难的。合适的置信水平应兼顾尽可能消除测量误差和尽可能保留真实地形变化。

4.5　小结

本章提出了顾及误差空间自相关的地形变化检测方法。在地形变化检测方面,本章首先通过数值模拟实验讨论了显著性分割和误差空间自相关对地形变化检测的影响;其次,使用蒙特卡罗方法评估了无人机摄影测量的误差空间分布,并讨论了中误差和误差空间分布图对地形变化显著性检测的影响;最后,根据误差空间分布图和地形变化显著性检测结果计算了典型样区的毛侵蚀量、毛沉积量、净变化量和输沙率。结果表明:

(1)空间自相关的随机误差往往会造成成片区域侵蚀或沉积的误判。使用显著性阈值分割可以在一定程度上削弱误差的空间分布模式。

(2)显著性阈值分割对地形稳定区域的毛侵蚀量和毛沉积量的计算至关重要,但对净侵蚀量的影响不大。考虑到黄土小流域中往往既有稳定区域又有侵蚀和沉积区域,建议在做地形变化检测时使用显著性阈值分割。

(3)无人机摄影测量的高程误差存在一定程度的空间自相关。通过光束平差蒙特卡罗模拟可以得到无人机摄影测量的误差空间分布。在进行地形变化检测时,应当使用误差空间分布代替中误差进行误差传播和检测。

(4)使用无人机摄影测量监测小流域年均输沙率是可行的。4 个实测样区的结果显示相对误差为 6.24%～29.96%。相对误差大小与小流域的绝对变化量和地形测量误差有关。地形变化量数量级越大,地形测量精度越高,相对误差越小。

第5章

小流域输沙过程
模拟方法构建

在质量守恒原理的框架下,若已知空间上的地形变化量,就可以推测泥沙的搬运路径和搬运量。因此,本章提出了基于地形变化检测的输沙过程模拟方法。根据地表径流过程的不同,在不同区域使用不同的泥沙路径分配算法,最后得到整个小流域的输沙率空间分布。本章在模拟小流域上进行了实验并讨论了不同方法的参数设置、应用条件、性能影响因素等。

5.1 基本思路

若将水文站和水保站直接测量输沙率的方式称为正向求解方法,基于地形变化检测的方法则是运用逆向思维反向求解输沙率,在已知地形变化量之后,根据填挖方的思想可以直接求解整个区域的输沙率。但是泥沙输移是个空间过程,每个点位都存在泥沙输移。要对小流域输沙过程进行空间化模拟,则需要在质量守恒原理的框架下,将地形变化量与泥沙搬运过程联系在一起,推演泥沙在空间上的搬运路径和搬运量。将泥沙的搬运路径和搬运量可视化,即得到输沙率的空间分布。

在质量守恒原理的框架下,基于地形变化检测的输沙过程模拟方法包含两个子方法,即一维(纵剖面)方法和二维(空间)方法[27]。

5.1.1 一维方法

纵剖面输沙率,也称一维输沙率,即从样区纵剖面的视角(从上游到下游)查看输沙率的变化情况。根据水流泥沙质量守恒原理[式(2.1)],当忽略泥沙的横向输移并假设水流泥沙浓度恒定(或变化量可忽略不计)时,式(2.1)变为纵剖面应用形式[27]:

$$\left(\frac{\partial Q_b}{\partial y}\right) + (1-p) \times \left(\frac{\partial Z}{\partial t}\right) = 0 \qquad (5.1)$$

式中，Q_b 表示泥沙通量（kg/s）；y 是纵剖面方向距离（m）；Z 表示横截面上的累计地形变化量（m）；p 是孔隙率（%）；t 表示时间（s）。

根据式（5.1），泥沙通量在 y 方向的变化量等于排除孔隙率之后的地形变化量。离散化应用式（5.1），即每个横截面的输沙率变化量等于每个截面的体积变化量乘以土壤容重，得到：

$$S_j = S_{j-1} - \left(\frac{\sum \rho(1-p)\Delta V_j}{t} \right) \tag{5.2}$$

式中，S_j 是横截面 j 的输沙率（kg/s）；S_{j-1} 是截面 j 上游相邻截面的输沙率（kg/s）；ρ 是泥沙密度（kg/m³）；p 是孔隙率（%）；$\rho(1-p)$ 在实际应用中等于土壤容重（kg/m³）；ΔV_j 是横截面 j 上的净体积变化量（m³）；t 是时间（s）。

5.1.2　二维方法

水流泥沙质量守恒原理［式（2.1）］本身就是二维应用形式。在实际应用时，可以将其离散化应用于 DEM，即，对于任意像元 i，其从周围像元中接受的泥沙量总和加上该像元内的地形变化量（侵蚀量或沉积量）应当等于其向下游输出的泥沙量总和（图 5.1）。

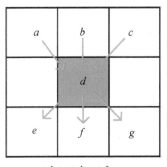

$$a+b+c+d=e+f+g$$

图 5.1　像元尺度质量守恒原理

将式（2.1）离散化应用于输沙率空间分布模拟的关键在于泥沙搬运路径的确定和每个路径的泥沙量的分配，即路径分配问题。小流域中沟壑侵蚀和泥沙搬运主要受降雨和地表径流的影响，每个像元的泥沙搬运过程也主要取决于地表径流过程。如前文所述，小流域地表径流是一个多过程的复杂过程。小流域地表径流可分为坡面流和河槽(沟道)流[253-255]。在正地形坡面区域以坡面流为主,随着水流汇集,在沟底区域以河槽流为主。对于坡面流,其水面坡度和地形坡度基本一致,水流和泥沙运动主要受地形坡度控制。而在河槽流中,水流和泥沙的受力情况则复杂得多,更多的是由水力过程控制的。不同径流过程的泥沙搬运路径不同,每个路径的泥沙分配量也不同。因此,分别构建坡面过程和河槽(沟道)过程的泥沙路径分配算法,之后构建二者的耦合方法是本章的基本思路。

由于模拟小流域的地形、水文、泥沙等数据齐全、精度高,且有多期数据可以进行验证,因此本章以模拟小流域为例构建基于地形变化检测的输沙过程模拟方法,计算输沙率的空间分布。具体技术路线如图5.2所示。首先,通过室内模

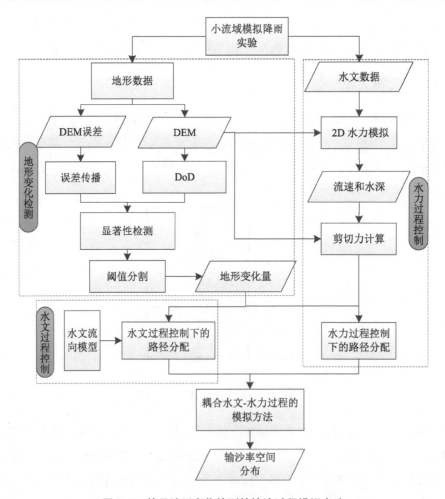

图 5.2　基于地形变化检测的输沙过程模拟方法

拟小流域降雨实验收集多期地形数据和对应的水文数据(详见第 2 章 2.3 节);其次,通过误差传播和地形变化检测计算小流域的地形变化量(详见第 4 章);然后,在坡面地区根据水文流向算法进行泥沙的路径分配,在沟道地区根据泥沙受水力情况进行路径分配;最后,建立耦合水文-水力过程的模拟方法,计算小流域输沙率空间分布。

5.2　纵剖面(一维)输沙过程模拟

5.2.1　横剖面剖分策略

式(5.2)的使用首先需要确定横剖面剖分策略,然后将横剖面上的体积变化量累加,再向下游进行传播。黄土小流域沟壑纵横,严格意义上的横截面方向会随沟道方向的变化而变化,若选择随沟道方向变化的横截面将会造成一些部位的体积变化量重复计算和一些部位的体积变化量丢失[图 5.3(a)]。因此,本研究将根据小流域主沟道方向分为东—西(E—W)、南—北(S—N)、东北—西南(NE—SW)、西北—东南(NW—SE)4 个典型方向[图 5.3(c)],然后选取垂直于主沟道的方向做横剖面。这样每条横剖面之间互相平行,从流域上游剖分到流域出水口,横剖面可以遍历完整个流域且不会重复和交叉[图 5.3(b)]。

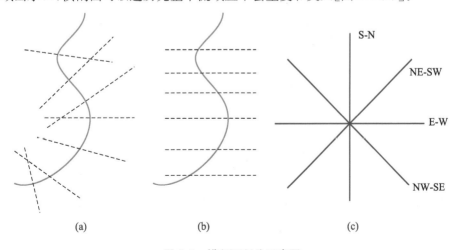

图 5.3　横剖面剖分示意图

5.2.2　实验结果分析

模拟小流域不同时期的纵剖面输沙率如图 5.4 所示。曲线的斜率为正说明沟壑在被侵蚀,从上游到下游的泥沙净增加,但即使是在同一截面内也同时存在侵蚀和沉积(如图 4.6 和图 5.4 中第 3 期下游 500 cm 处)。曲线斜率为负表示从上游到下游的泥沙净沉积,但是该样区以侵蚀为主,未出现斜率为负的截面。从图 5.4 中可以发现,除了第 1 期和第 2 期,输沙率在下游 700~900 cm 处趋近于稳定,尤其是在第 6、7、8 期。这说明在下游区域,同一个横截面内的侵蚀和沉积达到了平衡。由于树枝状汇水网络的汇集效应,泥沙从上游到下游一直在累加;同时,沟道在流域下游也变得平缓,水流流到下游时,随着泥沙含量的增加及沟道逐渐变平缓,泥沙越来越容易发生沉积。

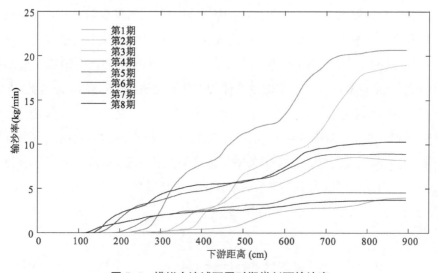

图 5.4　模拟小流域不同时期纵剖面输沙率

5.3　水文过程控制下的泥沙路径分配

在进行输沙过程模拟时,需要考虑泥沙搬运的路径分配问题。在坡面区域,地表径流水面坡度和地形坡度基本一致,水流和泥沙的运动方向主要受地形坡度的控制,泥沙的搬运是典型的水文过程,根据经典的水文流向算法即可推演泥沙的搬运路径。由于大多数水文流向算法均基于地形坡度,所以该方法又可以称为地形属性控制下的泥沙路径分配。本节将尝试使用不同的流向算法进行泥沙路径分配,模拟输沙率的空间分布。

5.3.1　不同流向模型下的泥沙路径分配

前人已经提出了大量的流向算法并日臻完善。流向算法可分为单流向和多流向算法。依据流向算法的不同,路径分配方法也不同。

（1）基于单流向算法的路径分配

单流向算法认为每个像元本身的流量及其上游输入的流量都只流向唯一的下游相邻像元。最大坡降算法 D8[256]（deterministic eight-node）是应用最为广泛的单流向算法。D8 算法认为中心像元的流向指向最大坡度下降方向,其原理可以表示为

$$\max\{(Z_i - Z_k)/d\}; \quad k = 1, 2, \cdots, 8 \tag{5.3}$$

式中,Z_i 是中心像元 i 高程(m);Z_k 是其相邻像元 k 的高程(m);d 是像元距离(m);当 k 位于东西或南北方向时,d 等于像元大小(m);当 k 为对角线方向时,d 等于 $\sqrt{2}$ 倍像元大小(m)。

根据 D8 单流向算法的原理,最大坡降方向的下游像元接受其上游像元的全部水量。因此,最大坡降方向的下游像元也接受来自上游像元的全部泥沙量,此时,像元 i 向其相邻像元的输沙率为

$$Q_b^k = [Q_s + \rho(1-p)\Delta V_i]/t \tag{5.4}$$

式中,Q_b^k 表示像元 i 向最大坡降方向的输沙率(kg/s);Q_s 是上游像元输送到像元 i 的泥沙量(kg);p 是孔隙率(%);ρ 是物质密度(kg/m³);实际应用时 $\rho(1-p)$ 等于土壤容重(kg/m³);ΔV_i 是 i 处的体积变化量(m³);t 表示时间(s)。

（2）基于多流向算法的路径分配

由于单流向算法认为水流只往一个方向流动,在平原地区很难确定最大坡降方向,会产生平行河网问题。并且,在现实生活中,水流可能同时向下游多个方向流动。因此,学者们提出了多流向算法,其中最为典型的是基于坡度指数的多流向算法[257]（MFD-se）和基于最大下坡坡度的多流向算法[183]（MFD-md）。下面分别介绍基于这两种多流向算法的泥沙路径分配方法。

MFD-se 算法认为，水流可以向高程比当前像元低的任意下游像元流动，但水流的分配量不同，水流分配量与坡度的一个指数函数有关，其公式为[257]

$$d_k = \frac{\tan S_k^a \times L_k}{\sum\limits_1^8 \tan S_k^a \times L_k}; \quad k = 1, 2, \cdots, 8 \tag{5.5}$$

式中，k 表示与当前像元相邻 8 个像元的序号；d_k 表示当前像元对第 k 号邻域像元的水流分配；$\tan S_k$ 为坡度；α 是控制流向分散或集中的指数，其值越小，水流越分散，其值越大，水流越集中，当其为无穷大时，等同于单流向；L_k 是第 k 号邻域像元的等高线长度加权因子，当 k 号邻域像元高于中心像元、低于中心像元且位于水平或垂直方向、低于中心像元且位于对角线方向时，L_k 分别为 0、$1/2$、$\sqrt{2}/4$。

根据式(5.3)，任意像元 i 向其邻接方向 k 的输沙率 Q_b^k 为

$$Q_b^k = \frac{\tan S_k^a \times L_k}{\sum\limits_1^8 \tan S_k^a \times L_k} \times [Q_s + \rho(1-p)\Delta V_i]/t \tag{5.6}$$

式中，Q_s 是周围像元输送到当前像元的泥沙量（kg）；$\rho(1-p)$ 等于土壤容重（kg/m³）。

应用公式(5.6)需要确定水流分配参数 α 的值。对于 MFD-se，在不同研究中使用的 α 均不同，目前还没有统一的使用标准，多数研究使用的值在[0,10]之间。为了确定 α 的最佳使用值，此处设计一个蒙特卡罗实验。在模拟小流域第 2 期数据上进行 200 次重复实验，每次的 α 值在[0,10]范围内随机选择。然后通过查看精度指标(5.3.2 节详细介绍)随 α 值的变化，选取最佳的 α 值。

MFD-md 算法原理与 MFD-se 相似，但在水流分配量上不同。MFD-md 认为水流分配参数 α 的值是地形特征 e 的函数，然后选取最大下坡坡度为地形特征建立水流分配函数 $f(e)$ 代替 α，其公式为[183]

$$d_k = \frac{\tan S_k^{f(e)} \times L_k}{\sum\limits_1 \tan S_k^{f(e)} \times L_k}, \quad f(e) = \frac{e - e_{\min}}{e_{\max} - e_{\min}} \times (10 - 1.1) + 1.1 \tag{5.7}$$

式中，e 为最大下坡坡度；$e_{\min}$、$e_{\max}$ 分别为区域中 e 的最小值和最大值。

根据式(5.7)，任意像元 i 向其邻接方向 k 的输沙率 Q_b^k 为

$$Q_b^k = \frac{\tan S_k^{f(e)} \times L_k}{\sum\limits_1^8 \tan S_k^{f(e)} \times L_k} \times [Q_s + \rho(1-p)\Delta V_i]/t \qquad (5.8)$$

式(5.4)、(5.6)和(5.8)需要使用 DEM 计算坡度,这里以每个时期的第 1 期 DEM 作为坡度计算依据。此外,上述三个式子还要求知道边界(起始)泥沙通量 Q_s,若边界 Q_s 未知,计算结果仅为小流域的相对输沙率;若边界 Q_s 已知,则可以得到小流域的绝对输沙率。但是对于小流域而言,其边界的泥沙通量为 0,使上述三式均可用于计算小流域的绝对输沙率。

5.3.2　方法性能评价

由于很难有其他方法可以获取输沙率的空间分布数据,因此往往没有可以参考的评价数据。但是,考虑到质量守恒原理,每个像元的输沙率不应该出现负值[24](最小应为 0)。如果出现负的输沙率,则说明沉积的泥沙量超过了供应量,导致质量不守恒。因此,本章采用输沙率负值区域面积占整个样区面积的比例(P)作为评价方法性能的指标,公式为:

$$P = A_{\text{negtive}}/A_{\text{catchment}} \qquad (5.9)$$

式中,A_{negtive} 是输沙率出现负值区域的面积(m^2);$A_{\text{catchment}}$ 是流域面积(m^2)。

5.3.3　实验结果分析

(1) 基于 D8 单流向模型的输沙过程模拟结果

输沙过程模拟结果即输沙率的空间分布。输沙率空间分布图既体现了泥沙的搬运路径,又表示了泥沙的搬运强度。基于 D8 单流向模型的输沙率空间分布模拟结果如图 5.5 所示。由于单流向模型中水流只流向下游一个像元,其泥沙的搬运路径比较集中。输沙率沿汇流网络从上游到下游一直在增加,整体上,沟道区域的值大于坡面区域的值。基于 D8 单流向模型的模拟结果出现了平行河网效应,如,第 1 期 y 方向 100~200 cm 处尤其明显(图 5.5)。在前两期降雨实验中,由于侵蚀量较大、沟壑发育较少,单流向模型的搬运路径集中效应还不明显。但是到后期支沟发育较多时,在沟道网络中,输沙率基本上只出现在沟道的中心线上(如图 5.5 中第 5 期和第 8 期)。这一结果与现实中的直观感受不相符。此外,使用单流向模型的输沙率负值区域比例较高(表 5.1),说明使用单流向模型进行泥沙路径分配具有一定的局限性。

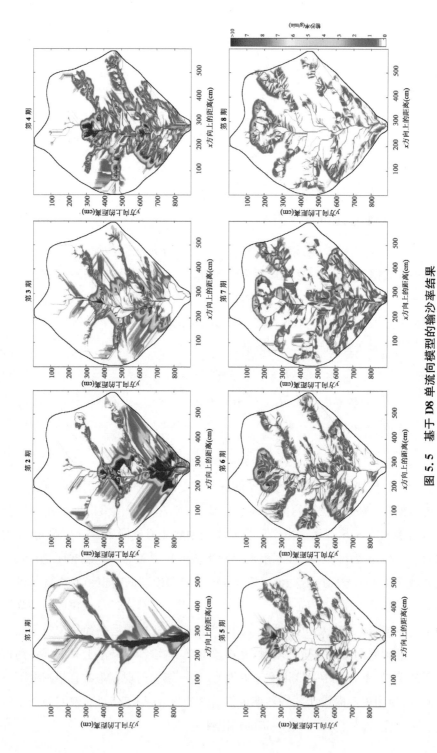

图 5.5　基于 D8 单流向模型的输沙率结果

表 5.1　使用不同流向算法进行输沙率建模时负值区域比例

	第 1 期	第 2 期	第 3 期	第 4 期	第 5 期	第 6 期	第 7 期	第 8 期
D8	0.00%	1.00%	4.48%	1.49%	10.93%	5.71%	8.29%	7.85%
MFD-se	0.00%	0.69%	2.85%	1.17%	10.05%	5.42%	8.11%	5.07%
MFD-md	0.00%	0.79%	3.59%	1.33%	10.95%	5.73%	8.62%	6.59%

（2）基于 MFD-se 多流向模型的输沙过程模拟结果

使用 MFD-se 多流向模型进行输沙率空间分布模拟时，需要确定参数 α 的值。在第 2 期数据上进行了 200 次蒙特卡罗实验，得到输沙率负值区比例随参数 α 的变化情况，如图 5.6(a) 所示。随着参数 α 的增大，负值区域一直在增大；

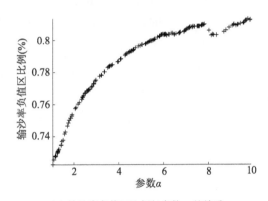

（a）输沙率负值区比例与参数 α 的关系

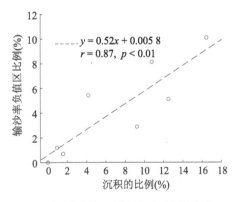

（b）输沙率负值区比例与沉积比例的关系

图 5.6　输沙率负值区比例与参数 α 及沉积比例的关系

当 α 值为 1 时,负值区域最小。这说明水流越趋近于多流向,越有利于输沙率保持质量守恒(α 值越大,越趋近于单流向;α 值越小,越趋近于多流向)。因此,在后续的研究中,α 的值均使用 1。

基于 MFD-se 多流向模型的模拟结果如图 5.7 所示。相对于单流向模型,其输沙率分布更合理,没有出现平行河网效应。图 5.7 也展示了不同地形变化空间分布和不同沟壑网络引起的输沙率在空间上的变化。尽管不同时期的侵蚀量和沟壑网络不同,但整体上,随着汇流网络的汇集,输沙率不断汇集,并且在主沟道形成了非常高的输沙率。基于 MFD-se 多流向模型的输沙率模型性能如表 5.1 所示。与 D8 单流向模型相比,MFD-se 的负值区域更少,结果更为合理。

通过表 5.1 可以发现输沙率负值区域面积整体上呈随时间而增加的趋势。这可能与模拟小流域的毛沉积量随时间的增加有关。前文 4.3.2 节中图 4.7 显示毛沉积量有随时间而增加的趋势。此处将毛沉积量与净变化量的比例和负值区域比例进行了相关性分析,发现其相关性很强[图 5.6(b),$r =$ 0.87,$p < 0.01$]。前文提到,当像元中沉积量大于上游的泥沙供给时,输沙率会出现负值。因此,当小流域沉积区域更多时,更考验泥沙路径分配算法是否能够将泥沙正确地分配到沉积像元中。所以,当整个样区沉积区域增加时,更容易出现输沙率负值区域。

(3)基于 MFD-md 多流向模型的输沙过程模拟结果

基于 MFD-md 多流向模型的输沙率空间分布结果如图 5.8 所示,其结果与 MFD-se 的结果整体上相似,直观上难以发现它们的区别。通过将 MFD-md 的结果减去 MFD-se 的结果,发现其细节上有所不同。图 5.9 展示了二者的差异,其中蓝色区域表示负值,即 MFD-md 的结果小于 MFD-se 的结果;红色区域表示正值,即 MFD-md 的结果大于 MFD-se 的结果。可以发现,在坡面区域和沟道边缘 MFD-md 的结果均小于 MFD-se 的结果,而在沟道的中心线上 MFD-md 的结果均大于 MFD-se 的结果(如图 5.9 中第 1 期和第 2 期的局部放大图)。这说明使用 MFD-md 模型时,泥沙的分配路径更为集中,所以坡面区域和主沟道边缘区域的输沙率更小,而沟道中央的输沙率更大。这一结果与 MFD-md 模型的流量分配策略一致。MFD-md 模型的性能如表 5.1 所示,其负值区域比例略高于 MFD-se 模型,说明其性能略低于 MFD-se 模型。

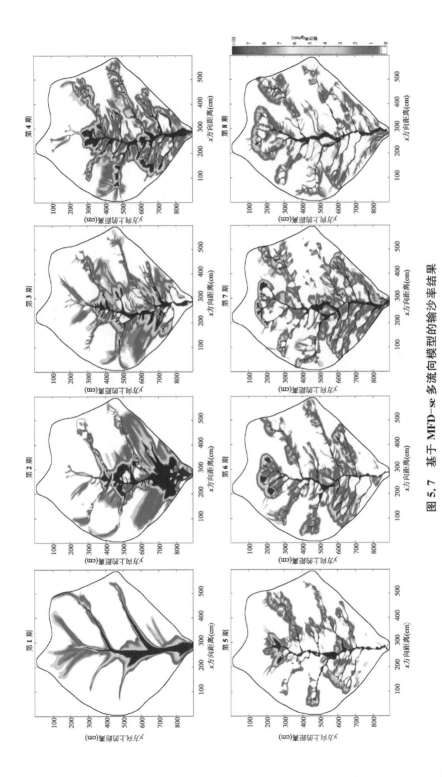

图 5.7　基于 MFD-se 多流向模型的输沙率结果

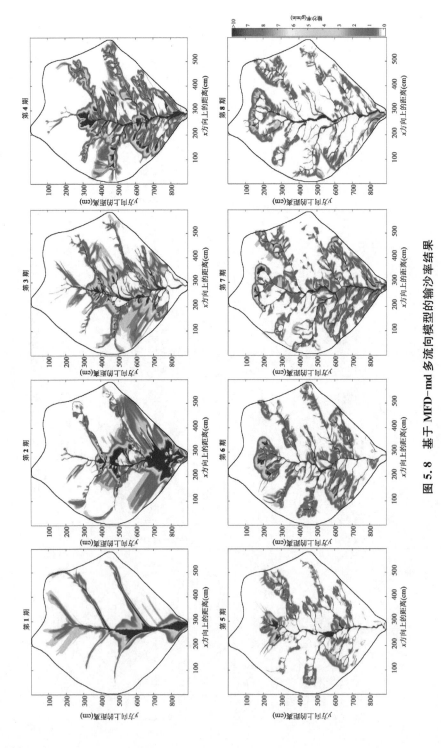

图 5.8 基于 MFD-md 多流向模型的输沙率结果

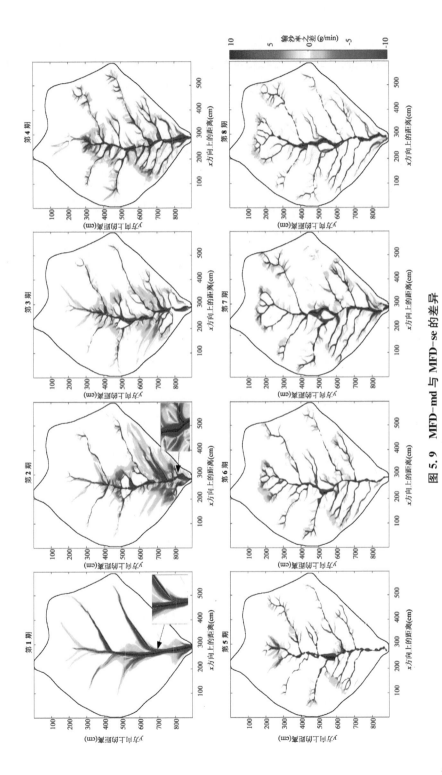

图 5.9　MFD-md 与 MFD-se 的差异

通过以上几种不同模型的对比,基于 MFD-se 流向算法的路径分配方法更适用于水文过程控制下的泥沙输移空间化模拟。因此,在后续的研究中对于坡面区域均采用基于 MFD-se 流向算法的路径分配方法。

5.4　水力过程控制下的泥沙路径分配

在沟道区域,水流汇聚成河槽流。此时,水流表面坡度和地形坡度往往不一致,泥沙在水流中受水力作用的控制。此时,模拟泥沙的运动过程需要考虑河槽流水力过程。在河槽流中,泥沙的受力由两个剪切力合成[24,258],一个是水流剪切力,另一个是地形剪切力,合力公式如下:

$$\tau_x = \rho_w g\ \frac{\mid u \mid u_x n^2}{d^{1/3}} + \tau_c\ \frac{\sin\theta s_x}{\sin\phi \mid s \mid} \tag{5.10a}$$

$$\tau_y = \rho_w g\ \frac{\mid u \mid u_y n^2}{d^{1/3}} + \tau_c\ \frac{\sin\theta}{\sin\phi}\ \frac{s_y}{\mid s \mid} \tag{5.10b}$$

式中,τ_x、τ_y 分别表示泥沙在 x 和 y 方向受到的合力(N/m^2);等式右边第一项是水流剪切力(N/m^2);u_x、u_y 分别是 x 和 y 方向的流速(m/s);$\mid u \mid = \sqrt{u_x^2 + u_y^2}$ 是流速的绝对值;ρ_w 是水的密度(1 000 kg/m^3);g 是重力加速度(9.81 m/s^2);d 是水深;n 是曼宁系数(Manning's n);等式右边第二项是地形剪切力(也称重力剪切力)(N/m^2);τ_c 是临界剪切力(N/m^2),由希尔兹参数决定;s_x、s_y 分别是 x 和 y 方向的坡度(%);θ 是总坡度(%);ϕ 是泥沙的自然堆积角(°)(也称安息角)。

泥沙的运动是上式两个剪切力交互作用的结果。但是式(5.10)右侧的两项剪切力不是独立的。地形剪切力受局部地形坡度的影响,同时,地形坡度也影响着水面坡度和式(5.8)右侧第一项中水流速度项的动量方程。当地形坡度较低时,水流剪切力和地形剪切力的大小相似;但随着坡度变陡,地形项将起主导作用。

5.4.1　水力环境模拟

如何模拟和计算泥沙在水流中的受力情况是模拟输沙率空间分布的关键。

计算水流剪切力所需的流速、水深等关键参数可以通过现有的水力模拟软件获取。考虑到河槽流主要在沟底发生，并且在模拟小流域中支沟的流量小、地形坡度较大，水力作用不明显，本章的水力模拟主要在主沟道沟底区域进行。本节使用苏黎世联邦理工学院开发的开源 2D 水力模拟软件 BASEMENT[259]（version 2.8，http://www.basement.ethz.ch/）进行水力模拟。模型中的参数使用详见表 5.2。

表 5.2 BASEMENT 水力模拟参数使用

参数	值	说明
重力加速度 g	9.81 $m^2 \cdot s^{-1}$	标准参数
分子黏滞系数 v	10^{-6} $m^2 \cdot s^{-1}$	标准参数
水流密度 ρ	1 000 kg $\cdot$ m^{-3}	标准参数
曼宁系数 n	0.03	经验参数

在进行沟道水力环境模拟时，需要定义边界条件。考虑到在沟道流中，主要流量为上游支沟输入，坡面输入仅占一小部分，此处以每个支沟和主沟道的汇水口为输入边界，以流域出水口为输出边界。在每个边界上，需要指定输入或输出的流量。在模拟小流域中，本研究收集了在流域出水口的实测数据，但是仍缺乏每个支沟汇入主沟道的流量数据。本节采用按流域面积分配的方式计算各支沟汇入主沟道的流量，公式如下：

$$Q_i = \frac{A_i}{\sum\limits_{1}^{n} A_i} \times Q_{out}$$ (5.11)

式中，Q_i 是主沟道入水口 i（支沟出水口）的流量（kg/s）；A_i 是主沟道入水口 i 的上游汇水面积（m^2）；n 是主沟道入水口的数量（个）；Q_{out} 是出水口实测的流量（kg/s）。由于模拟小流域的第 1 期地形是原始坡面，没有沟道，水力模拟从小流域的第 2 期数据开始。以第 2 期地形数据为例，入水口和出水口边界如图 5.10 所示。

为了避免出现半湿像元和数值不稳定的情况，需要指定一个最小水深[260]。此处指定为 1 cm，当水深超过 1 cm 时才认为是水流淹没区域。水文模拟的 DEM 使用每个时期的第 1 期 DEM。所有的参数和边界条件输入之后，需要让

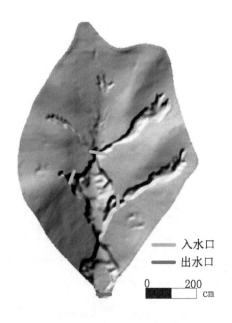

入水口
出水口

0   200
               cm

图 5.10　小流域边界条件：以第 2 期数据为例

BASEMENT 运行足够长的时间，以达到模型数值稳定。此处衡量达到稳定的
标准为输入和输出的物质损失误差小于 0.1%。

5.4.2　地形临界剪切力

临界剪切力 τ_c 是计算地形剪切力的关键参数。要确定 τ_c，首先要确定雷诺
数。此处采用水文学中的经典公式来计算雷诺数[261]：

$$Re_p = \frac{\sqrt{RgD}\,D}{\nu} \tag{5.12}$$

式中，Re_p 是雷诺数（无量纲系数）；$R = 1.65$，表示泥沙有效密度（kg/m³）；$\nu = 10^{-6}$ m² · s⁻¹ 是水温 20℃时的分子黏滞系数（无单位系数）；D 是中位粒径（mm）。

得到雷诺数之后，如果泥沙是粗砂或中砂，可以使用希尔兹公式(5.13)计算
其希尔兹参数；如果是粒径较小的粉砂，由于粉砂之间存在一定的黏性，需要通
过经验性希尔兹曲线[262]来确定其希尔兹参数（图 5.11）。希尔兹参数确定之
后，通过式(5.14)即可确定临界剪切力[261,263]。

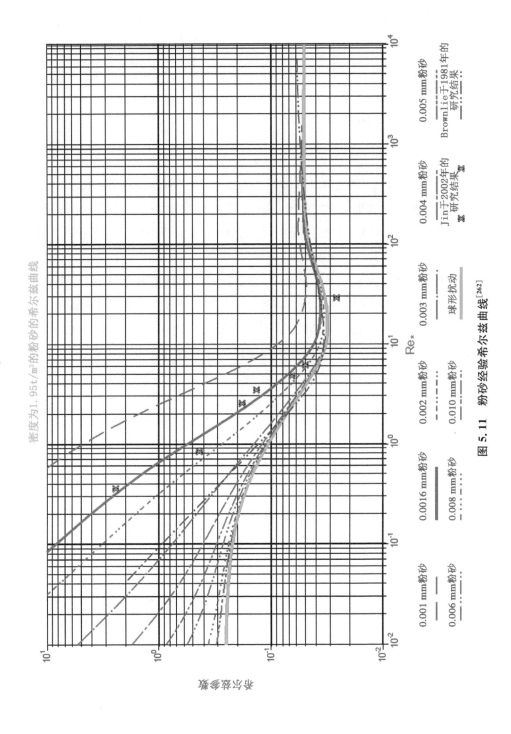

图 5.11　粉砂经验希尔兹曲线[262]

$$\tau_c^* = 0.5 \cdot \left[0.22 Re_p^{-06} + 0.06 \cdot 10^{-7.7Re^{-0.6}} \right] \qquad (5.13)$$

$$\tau_c = \rho_w R g D \tau_c^* \qquad (5.14)$$

5.4.3 模型参数化

式(5.10)中,流速和水深可以通过水力模拟得到,地形坡度可以通过 DEM 计算,临界剪切力可以通过 5.4.2 节所述方法计算。但是,还有曼宁系数 n 和堆积角 ϕ 无法确定。这里使用蒙特卡罗模拟[249]来确定这两个参数。如 5.3.2 节所述,输沙率负值区域面积比例是衡量模型性能的重要指标。此处进行 2 000 次蒙特卡罗随机实验。每次实验随机选择曼宁系数 n 和堆积角 ϕ 的值。参数可能的范围根据文献确定[264,265],其中,曼宁系数 n 的选择范围为 $[0.01, 0.05]$,堆积角 ϕ 的选择范围为 $[30, 60]$。最后,通过查看输沙率负值区比例分别随曼宁系数 n 和堆积角 ϕ 的变化情况来确定最佳的参数。

当所有的参数均确定之后,即可根据式(5.10)计算水流剪切力、地形剪切力以及它们的合力。得到合力之后,每个像元在 x 和 y 方向的输沙率可以表示为

$$q_b^x = \frac{\tau_x^2}{\tau_x^2 + \tau_y^2} \frac{\left[\sum_{k=1}^{8} q_b^k + \rho(1-p)\Delta V_i \right]}{t} \qquad (5.15a)$$

$$q_b^y = \frac{\tau_y^2}{\tau_x^2 + \tau_y^2} \frac{\left[\sum_{k=1}^{8} q_b^k + \rho(1-p)\Delta V_i \right]}{t} \qquad (5.15b)$$

式中,q_b^x 和 q_b^y 分别表示 x 和 y 方向的输沙率(kg/s);τ_x、τ_y 分别表示 x 和 y 方向上的剪切力合力(N/m²);q_b^k 表示相邻 8 个像元中第 k 个像元可能向当前像元 i 的输沙率(kg/s)。

由于水力过程模拟仅在沟底区域进行,得到的剪切力合力也只适用于沟底区域,应用式(5.15)时要注意的是需要指定入水口的泥沙边界条件。入水口的泥沙通量可通过 5.3 节水文方法计算得到。

5.4.4　实验结果分析

水力模拟从第 2 期数据开始,通过水力模拟可以得到沟道水流流速和水深。以模拟小流域第 2 期数据为例,水力模拟结果如图 5.12 所示。x 方向的流速以向东为正,向西为负;y 方向的流速以向北为正,向南为负。可以发现其流速方向基本上与沟道坡面方向一致[图 5.12(a)和(b)]。总流速大小[图 5.12(c)]与 y 方向的流速大小相似,在沟道狭窄处较高,沟道越平坦和宽敞,流速越低。水流深度的空间分布如图 5.12(d)所示,由于小流域的模拟降雨量不大,因此水深整体不高,仅在沟道狭窄处较高。

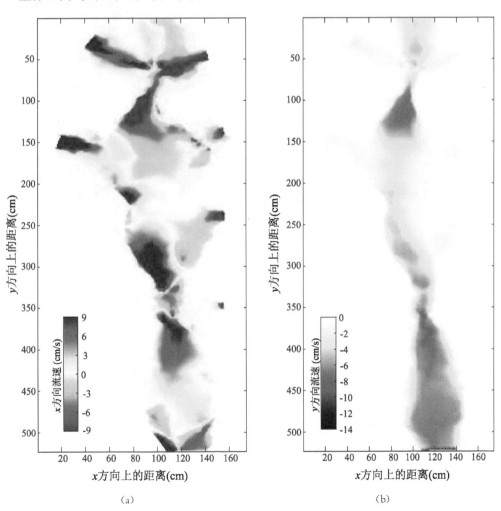

(a)　　　　　　　　　　　　　　　　(b)

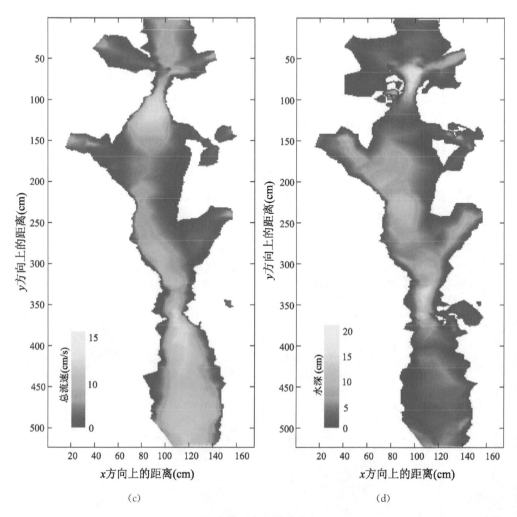

(c)   (d)

图 5.12　水力模拟结果

在模拟小流域中,粒径中位数为 0.005 mm,是典型的粉砂。根据粉砂的经验性希尔兹曲线(图 5.11)和公式(5.12)、(5.14),得到地形临界剪切力为 0.032 N/m²。为了计算水流剪切力和地形剪切力,还需要确定曼宁系数 n 和堆积角 ϕ。在第 2 期数据上 2 000 次蒙特卡罗实验的结果如图 5.13 所示。可以发现,堆积角 ϕ 的值对负值区域面积比例几乎没有影响;随着曼宁系数 n 的增大,负值区域面积比例先减小,后保持不变。考虑到前人文献中湿泥沙的堆积角为 45°,在后续实验中本研究均使用堆积角 $\phi=45°$。曼宁系数 n 增大到约 0.03 之后对模型几乎没影响,因此在后续实验中曼宁系数 n 均使用 0.03。

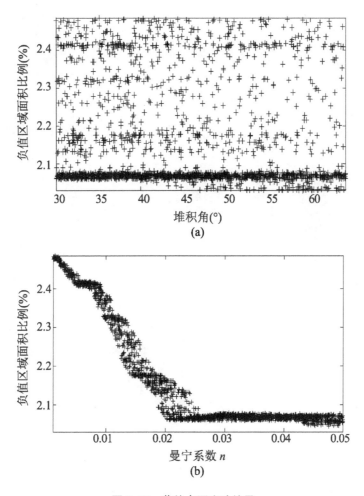

图 5.13　蒙特卡罗实验结果

根据式(5.10),沟道泥沙所受的各项剪切力如图 5.14 所示。水流剪切力和地形剪切力基本上在同一个数量级。在 y 方向上,水流淹没区的泥沙受力主要以水流剪切力为主,这是由于主沟道在南北方向长,水流汇集到主沟道后,y 方向流速大,水流剪切力明显强于地形剪切力。在 x 方向上,由于水流流速较低,水流剪切力和地形剪切力的大小相当,但在平坦地区(如 x 方向 120 cm 附近),地形剪切力较弱。这说明,在 y 方向(主沟道方向)泥沙的输移很可能是由水流剪切力(水力过程)所主导,而在 x 方向很可能是由地形剪切力(地形属性)和水流剪切力(水力过程)共同决定。

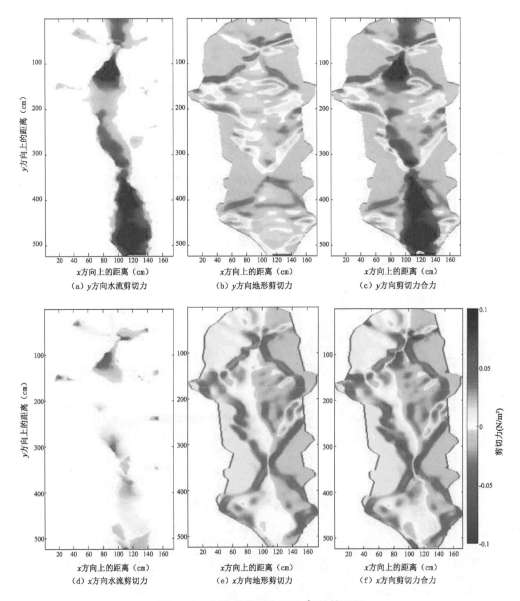

图 5.14　主沟道剪切力(N/m^2)计算结果

得到剪切力之后,根据式(5.15)可以模拟输沙率在空间上的分布。为了讨论不同剪切力对泥沙搬运的影响,这里对比了三个场景的模拟结果,即仅使用水力剪切力、仅使用地形剪切力和使用剪切力合力进行输沙率的计算。结果如图 5.15 所示。当只使用水流剪切力时[图 5.15(a)],输沙率出现了大量的平行路径,

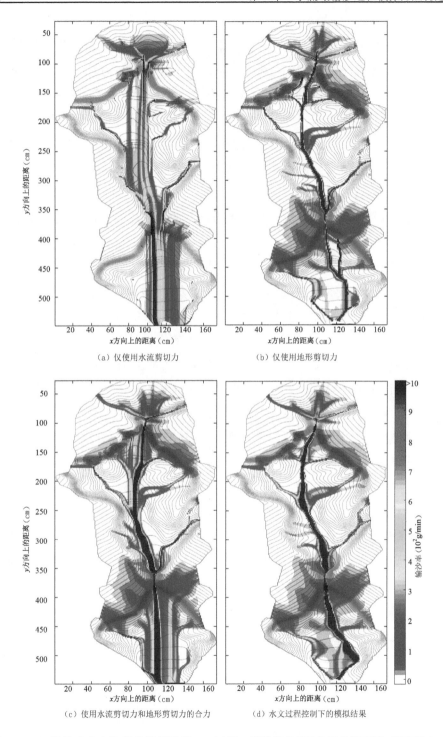

（a）仅使用水流剪切力

（b）仅使用地形剪切力

（c）使用水流剪切力和地形剪切力的合力

（d）水文过程控制下的模拟结果

图 5.15　不同算法在主沟道的模拟结果——以第 2 期数据为例（背景是等高线，等高距 2 cm）

这是由于 x 方向水流流速小, y 方向流速大, 泥沙还没汇集即被水流冲走。此时, 负值区域面积比例为 1.08%。当只使用地形剪切力时[图 5.15(b)], 泥沙输移路径较为集中, 即使是在接近出水口的相对平坦区域, 也没有出现平行路径, 说明地形剪切力对 x 方向的泥沙输移控制能力较强。此时, 负值区域面积比例为 0.82%。当使用水流剪切力和地形剪切力的合力时[图 5.15(c)], 泥沙输移路径比只使用水流剪切力时集中, 很多平行路径消失; 但在出水口的相对平坦区域泥沙路径仍较为分散。这既体现了水流剪切力在 y 方向的控制作用, 又体现了地形剪切力在 x 方向的收敛作用。此时, 负值区域面积比例为 0.76%。

上述三种不同场景的对比说明, 使用水流剪切力和地形剪切力的合力进行输沙率的空间分布模拟是合理的。同时, 将水力过程控制下(剪切力合力)的模拟结果[图 5.15(c)]与水文过程控制下(基于 MFD-se 流向模型)的模拟结果[图 5.15(d)]进行对比, 发现在坡面区域, 二者的结果基本一致, 这是由于坡面区域水力剪切力较小, 搬运过程主要由地形剪切力所主导, 而地形剪切力和多流向算法均与坡度强相关, 所以二者在坡面区域的结果相似。这一结果肯定了在坡面区域可以使用多流向算法进行泥沙搬运模拟的猜想。

水文方法(基于多流向模型)和水力方法(基于剪切力合力)在沟底接近出水口处的平缓区域差异较大[图 5.15(c)和(d)]。基于多流向算法的结果在该区域较为集中, 说明其对较小的地形起伏也比较敏感; 使用剪切力合力模拟的结果在该区域较为分散, 说明在平缓区域水流剪切力起主导作用。将两种方法应用到第 2~8 期数据(第 1 期因为没有沟道产生, 所以不能使用水力方法), 并计算其输沙率负值区域面积比例, 结果如表 5.3 所示。与水文方法相比, 整体上沟道区域使用水力方法得到的负值区域面积比例更小, 说明在沟底区域, 泥沙的输移过程更可能是水力过程控制的。

表 5.3 水文方法和水力方法在主沟道区域输沙率负值区域面积比例对比

时期	1	2	3	4	5	6	7	8
水力方法	—	0.76%	12.05%	0.79%	22.85%	5.89%	1.84%	8.41%
水文方法	—	0.60%	12.31%	1.04%	25.10%	6.85%	2.01%	6.62%

5.5　耦合水文-水力过程的模拟方法

5.5.1　耦合方法

对于小流域而言,坡面区域的泥沙输移过程是水文过程控制的,而沟道区域的泥沙输移过程更多的是水力过程控制的。5.3 和 5.4 节分别介绍了水文过程控制下和水力过程控制下的模拟方法,本节重点讨论耦合水文-水力过程的模拟方法。要将水文过程和水力过程耦合,本质上只需要将前文介绍的两种路径分配方法进行耦合。首先,在坡面区域使用基于水文流向算法的路径分配。然后,在沟道边界将坡面区域输出的输沙率作为边界条件输入,并在沟道区域使用基于水力过程模拟的路径分配算法得到沟道区域的输沙率。

5.5.2　实验结果分析

耦合水文-水力过程的输沙率结果如图 5.16 所示。与纵剖面输沙率结果(5.2.2 节)或者站点监测的输沙率相比,输沙率的空间分布既给出了泥沙的输移路径,又给出了大小(颜色表示大小),在每一个点上均有观测值。同时,可以明显地观察到泥沙搬运的汇集区域(如图 5.16 第 5 期 y 方向 700～800 cm 处)和分散区域(如图 5.16 第 5 期 y 方向 500～600 cm 处)。由于树枝状汇水网络的累积效应,高输沙率(大于 1 kg/min)集中在主沟道区域,低输沙率(小于 0.5 kg/min)多分布在支沟和主沟道边缘。与水文方法相比,耦合水文-水力过程的方法出现输沙率为负值的区域的比例更低(表 5.4),说明耦合水文-水力过程的模拟方法是合理的。

表 5.4　水文方法和耦合方法在整个流域区域输沙率负值面积比例对比

时期	1	2	3	4	5	6	7	8
耦合方法	0.00%	0.67%	2.74%	1.16%	9.97%	5.29%	8.08%	5.07%
水文方法	0.00%	0.69%	2.85%	1.17%	10.05%	5.42%	8.11%	5.07%

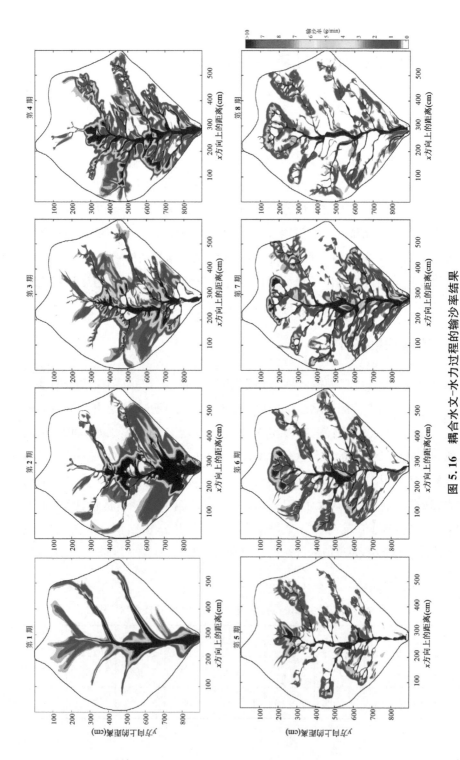

图 5.16 耦合水文-水力过程的输沙率结果

尽管不同时期主沟道区域的输沙率一直很高(图 5.16),但其对侵蚀产生的影响可能并没有那么大。从图 5.16 中可以发现,支沟的输沙率有随着沟壑系统的发育而增加的趋势。因此,此处计算了各时期支沟搬运泥沙量占整个流域搬运量的比例,即用支沟口的输沙量之和除以整个流域的输沙量。图 5.17 展示了支沟搬运比例和支沟数量随着沟道发育的变化。可以发现,支沟搬运比例先增大后趋于稳定,这一趋势与支沟数量的变化一致,二者呈正相关 ($r = 0.86, p < 0.01$)。 这说明尽管主沟道保持了较高的输沙率,但随着沟壑系统的发育,其对侵蚀产生的影响并没有那么大。

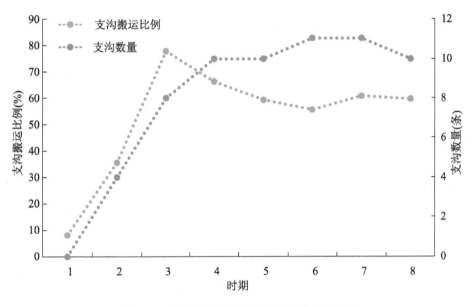

图 5.17　支沟搬运比例与支沟数量的变化趋势

5.6　讨论

5.6.1　不同路径分配算法适用条件

本章提出了基于水文过程的泥沙路径分配算法、基于水力过程的泥沙路径分配算法。不同方法的适用条件不一样。原则上，基于水文过程的路径分配算法适用于地表径流是坡面流的区域，如正地形坡面区域。基于水力过程的路径分配算法适用于地表径流是河槽流的区域，如沟道和河道区域。当以小流域或既有坡面流又有河槽流的区域为对象时，应使用耦合水文-水力过程的模拟方法。

理想情况下，在使用基于水力过程的模拟方法或耦合水文-水力过程的模拟方法时，地形数据应当与水文数据的测量时期相匹配。例如，在降雨前测量第1期地形数据，降雨后测量第2期地形数据，降雨期间记录相应的水文数据，这样输沙率空间分布的计算结果就可以和降雨事件相匹配。但是，在实际应用中很难达到这样的监测频率。因此，地形测绘的时间尺度往往会远大于降雨事件的时间尺度。当时间尺度足够长时，水文方法和水力方法的区别可能没那么大。本节讨论了随时间尺度的变化，以上两种方法的差异。由于第5期到第8期模拟小流域的支沟发育已经相对稳定（图5.17），本节从第5期开始不断增加时间尺度，即时间间隔分别为第5期、第5~6期、第5~7期、第5~8期，分别计算不同时间尺度下的水文方法和水力方法的输沙率负值区域面积。

实验结果如表5.6所示，可以发现在沟底区域，随着时间尺度的增大，水文方法和水力方法的性能差异越来越小，当时间尺度跨越4个时期（即第5~8期）时，二者的性能差异已经低于0.1%。对于整个流域而言，耦合方法与水文方法的性能差异更小，这是由于耦合方法的大部分坡面区域使用的方法本身即是水文方法。大部分黄土小流域没有常年河流，当使用水力方法且时间尺度跨越多个降雨事件时，用于水文模拟的流量等水文数据其实是各期的平均值，而不是累计值；但是，此时的地形变化量却是每个时期的累计值，随着地形变化量（尤其是侵蚀量）的增加，泥沙搬运量可能多到足够覆盖水文方法和耦合方法在沟底部分的路径差异。因此，随着时间尺度的增加，水文方法和耦合方法的性能差异越来越小。当时间尺度足够长时，可以在整个流域上使用水文方法代替耦合方法。

在黄土高原地区若非发生暴雨事件，普通降雨事件引起的地形变化量一般较小，同时由于野外工作的限制，地形测量的时间尺度往往是以年计。此时，根据地形变化量计算得出的输沙率往往是年均输沙率。考虑到当时间尺度足够长

表 5.5　水文方法和水力方法输沙率负值面积随着时间尺度的变化

时期		第 5 期	第 5～6 期	第 5～7 期	第 5～8 期
沟底区域	水力方法	22.85%	17.90%	8.50%	7.10%
	水文方法	25.10%	18.20%	8.30%	7.00%
	方法差异	2.25%	0.30%	0.20%	0.10%
整个流域	耦合方法	0.11%	1.43%	1.01%	1.70%
	水文方法	0.14%	1.43%	1.03%	1.79%
	方法差异	0.04%	0.00%	0.02%	0.09%

时,水文方法和耦合方法在性能上差距不大(表 5.4),在计算野外实测样区的年均输沙率时,可以使用水文方法代替耦合方法。

5.6.2　输沙率空间分布与纵剖面输沙率对比

为了与纵剖面输沙率(简称 1D 输沙率)进行比较,将耦合水文-水力过程的模拟方法(简称 2D 方法)生成的输沙率空间分布结果(简称 2D 输沙率)通过在给定横截面上累加的方式转化成纵剖面输沙率的形式。2D 输沙率的纵剖面形式如图 5.18 所示。2D 输沙率的结果随下游距离的变化波动性更强。这与泥沙的横向搬运有关。1D 方法首先在横截面内累积地形变化量,然后再向下游传播,这将不可避免地引起横截面内的部分侵蚀和沉积互相抵消,即侵蚀-沉积补偿效应[24]。2D 方法直接在像元尺度进行泥沙输移,减少了局部侵蚀-沉积补偿的可能性。当把 2D 输沙率转化到纵剖面时,许多横截面上出现了比 1D 方法高的输沙率(图 5.18),说明在这些区域泥沙的横向搬运活跃。如果某一像元横向输送了泥沙,在将 2D 输沙率横向累加时,会将横向输移的部分累加,导致得出比 1D 方法更高的输沙率。但是,无论是 2D 方法还是 1D 方法,都是遵循质量守恒的,也就是说,两种方法的整体趋势相同,即输沙率不断随下游传输距离的增大而增加。

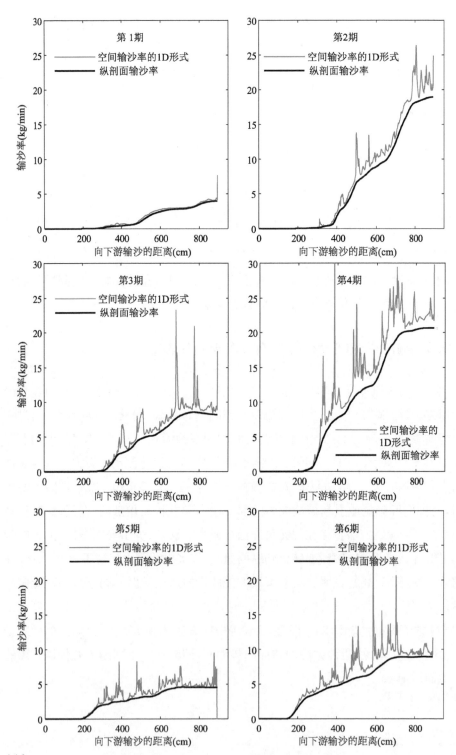

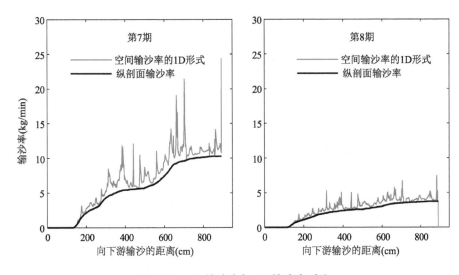

图 5.18　2D 输沙率与 1D 输沙率对比

　　将 2D 方法的 1D 形式减去 1D 方法的结果可以近似得到泥沙的横向输移强度(图 5.18 中两条曲线的差值)。Antoniaza 等[24]在研究河流推移质输沙率时指出泥沙的横向搬运与辫状河中的分支数量有关。在沟壑系统中,横向搬运不仅与支沟的数量有关,而且还与支沟宽度有关。这二者的影响可以综合成横截面方向沟道累计宽度。图 5.19 展示了第 2~8 期的横向搬运和横截面上的累计沟宽(因为第 1 期中没有明显的沟壑,2D 和 1D 结果的差异非常小)。各断面的横向搬运强度与累计沟宽呈正相关,R^2 的范围为 0.25~0.48($p < 0.01$),这说明横截面累计沟宽越宽,截面内的横向搬运概率越大。

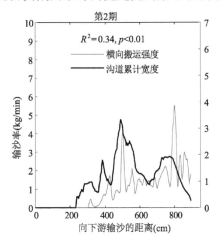

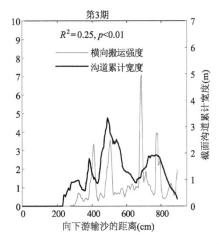

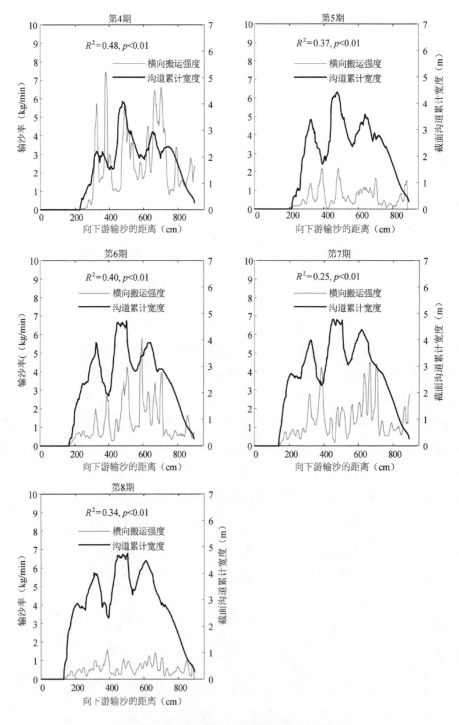

图5.19 横向搬运强度与沟道累计宽度的关系

5.6.3　地形变化显著性检测的影响

在地形变化检测时,可以使用显著性阈值分割,也可以选择不使用显著性阈值分割。在第 4 章中,本研究讨论了不同检测方法对样区整体毛侵蚀量、毛沉积量和净变化量的影响。这里将讨论显著性阈值分割对输沙率空间分布模拟的影响。在使用 95% 显著性阈值分割和不使用显著性阈值分割(原始DoD)两种情况下,输沙率负值区面积比例如表 5.6 所示。从表 5.6 中可以发现使用显著性阈值分割 DoD 之后计算的 2D 输沙率出现负值的可能性更低,说明显著性阈值分割减少了噪声(地形误差)的干扰。显著性越低的地形变化量越可能是由噪声引起的。由噪声引起的地形变化量,特别是表现为沉积时,将增加局部地形输沙率出现负值的可能性,导致局部质量不守恒。因此,在进行 2D 输沙率计算时,应当使用地形变化显著性检测。

表 5.6　显著性阈值分割对输沙率负值面积比例的影响

时期	1	2	3	4	5	6	7	8
不使用显著性分割	0.01%	0.75%	2.91%	1.18%	10.68%	5.49%	9.22%	5.46%
使用显著性分割	0.00%	0.69%	2.85%	1.17%	10.05%	5.42%	8.11%	5.07%

5.6.4　DEM 选择的影响

在使用本章提出的输沙过程模拟方法时,需要使用 DEM 计算坡度等参数,这时可以选择在每个时期的第 1 期 DEM、第 2 期 DEM 或者这两期 DEM 的平均值上进行计算。由于小流域中大部分是坡面区域,沟道区域面积只占一小部分,本节以基于水文过程的模拟方法为例,讨论 DEM 的选择对输沙率空间分布模拟的影响。使用不同 DEM 的输沙率负值区域面积比例如图 5.20 所示。由该图可以发现使用每个时期的第 1 期 DEM 时,输沙率出现负值区域的概率更低,说明在模拟小流域中使用第 1 期 DEM 计算相应的坡度等参数更合理。

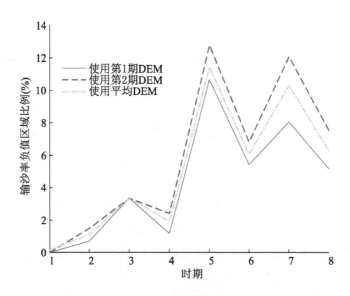

图 5.20　不同 DEM 下的输沙率负值区域比例

在侵蚀过程中地形是不断变化的,泥沙搬运路径也不断变化,仅使用一期 DEM 数据进行路径分配计算难以避免地会存在不确定性,并且两次地形测量的时间间隔越大,推演泥沙搬运路径的不确定性越大。尽管在本实验中使用第 1 期 DEM 的效果更好,但是在原理上很难推荐使用哪一期 DEM 更好。在地形变化过程中,很可能存在这样的一个突变点,在这个突变点之后地形保持稳定的时间足够长,大部分时间里泥沙均在这个稳定的地形上进行搬运。泥沙的搬运路径和初始 DEM 存在显著的差异,此时使用第 2 期 DEM 的效果会好于使用第 1 期 DEM。因此,DEM 的选择应当根据地形的变化情况来确定。

此外,DEM 的选择引起的输沙率负值区域面积差异在数量级(百分位上变化)上小于沉积量增加引起的变化(十分位上变化)。这说明方法本身对 DEM 的选择的敏感性不强,数据本身的质量可能更重要。

5.6.5　数据空间分辨率的影响

数据空间分辨率是影响方法性能的重要因素。以第 2 期 DEM 为例,将原始分辨率(10 mm)重采样为 50 mm、100 mm、200 mm、500 mm,讨论 DEM 分辨率对输沙率空间分布模拟的影响,实验结果如图 5.21 所示。随着 DEM 分辨率变粗,泥沙输移的空间范围变宽[图 5.21(a)-(e)],一些没有侵蚀搬运的坡面区域被误判为有侵蚀搬运,导致高估了这些区域的输沙率。2D 的结果显示了分辨率在空间上对输沙率的影响。为了清楚地观察输沙率值的变化,将 2D 输沙率转化成纵剖面的形式,结果如图 5.21(f)所示。可以发现,使用较粗分辨率的DEM 时,许多横截面的输沙率较低。这说明,尽管较粗分辨率的 DEM 在没有输沙率的地区引起了有输沙率的误判,却低估了本身为高输沙率区域的输沙率。除了这种局部效应外,样区整体的输沙率(出水口输沙率)随着 DEM 的分辨率变粗而下降[图 5.21(f)]。

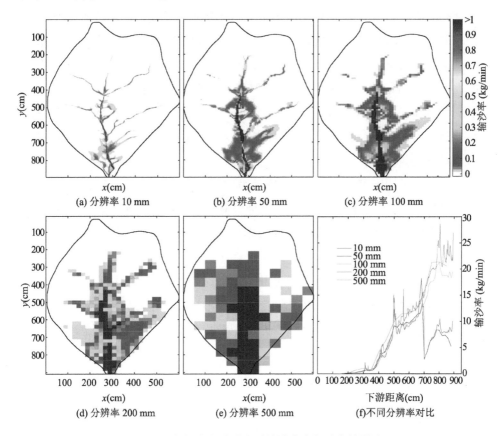

图 5.21　数据空间分辨率对输沙率空间分布的影响

　　使用粗分辨率 DEM 时,还可能导致局部区域的输沙率突变。例如,使用100 mm 和 200 mm 分辨率 DEM 时,下游 680~700 cm 处的输沙率突然极速下降。这是因为该区域正好是沟道的狭窄口(图 5.10),由于 DEM 分辨率变粗时的平滑作用[180]，粗分辨率 DEM 会将该"峡谷"平滑掉，导致泥沙被卡在该部分，不再向下游运输。

5.6.6　数据时间分辨率的影响

数据时间分辨率即测量频率，测量频率越高，数据时间分辨率越高。为了研究测量频率对输沙率空间分布模拟的影响，本节分别使用 2 期 DEM（第 1、9 期）、3 期 DEM（第 1、5、9 期）、5 期 DEM（第 1、3、5、7、9 期）和全部 9 期 DEM（第 1、2、3、4、5、6、7、8、9 期）计算了整个模拟降雨时期的输沙率空间分布。

图 5.22 展示了对于整个模拟降雨时期，不同地形测量频率对输沙率空间分布的影响。仅使用 2 期 DEM 时，泥沙的搬运路径集中，输沙率主要集中在原始 DEM 的汇水网络上[图 5.22(a)]，主沟道的输沙率非常高。随着测量频率的增加，泥沙搬运路径的细节更多，并且主沟道中的搬运路径也更分散[图 5.22(a) 至图 5.22(d)]。这是由于在整个模拟降雨时期地形在不断变化，泥沙搬运路径也在不断变化，测量频率越高，越能体现泥沙搬运路径的变化情况，得到的输沙率也越接近真实情况。

此外，为了探索测量频率对 2D 输沙率整体的影响，这里将 2D 结果转化成纵剖面输沙率的形式[图 5.22(e)]。纵剖面输沙率的变化揭示了调查频率的全局效应，即流域整体输沙率随着调查频率的增加而增加，尤其是在流域下游区域。这一现象体现了侵蚀-沉积的交替补偿效应[266-268]。在流域侵蚀过程中，前期降雨产生的泥沙很可能沉积到沟道中，然后又被降雨所侵蚀，随后又被上游搬运过来的沉积物所补偿，不断地重复侵蚀—沉积这一过程。高频的地形测量，可以捕捉到这一过程，导致所得的整体输沙率更高；低频的地形测量将忽略这一过程，导致所得的整体输沙率更低。

5.6.7　土壤容重空间差异的影响

在使用基于地形变化检测的输沙过程模拟方法时，根据 DEM 得到的只是体积的变化量，若严格应用质量守恒原理，应当把体积转化成质量，即需要考虑土壤容重。此时有三个方面的问题需要注意。首先，土壤容重本身在空间上分布并不是均匀的。当样区范围较小时，可认为土壤容重的空间差异不大。但是当进行大尺度的研究时，土壤容重的空间差异必须加以考虑。如，王云

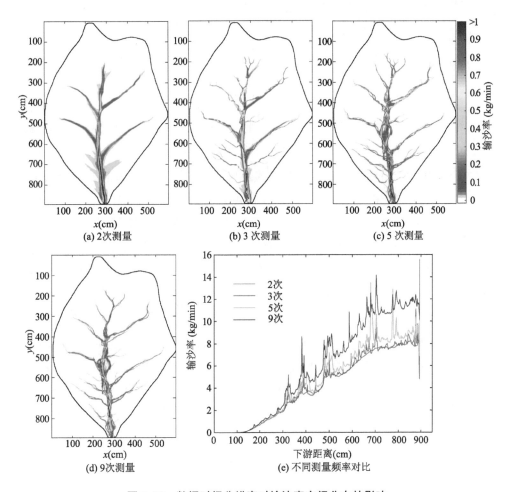

图 5.22　数据时间分辨率对输沙率空间分布的影响

强[269]对黄土高原土壤容重空间分布的研究显示,黄土高原土壤容重具有明显的地带性,在毛乌素等砂性土壤区容重较大(大于 1.47 g/cm³),而在黄土高原中部中壤或轻壤区容重偏小(小于 1.3 g/cm³)。其次,不同深度的土壤容重也不同,一般而言,土壤的底层土壤容重要大于表层土壤容重[269]。当侵蚀时间足够长,沟壑切割特别深时,还需考虑垂直方向上土壤容重的差异。最后,土壤侵蚀前的容重和侵蚀—搬运—沉积后的容重可能不一样。如果样区是以侵蚀为主或者为净侵蚀的情况,这种效应可能不明显。但是当样区中既有大面积的侵蚀,又有大面积的沉积时,需要考虑土壤侵蚀前和沉积后的容重差异。

理想情况下,使用空间分布的土壤容重数据代替均一的容重数据将提高本章提出的模拟方法的性能。

5.6.8 模型参数化

耦合水文-水力过程的模拟方法需要确定参数曼宁系数 n、堆积角 ϕ 和 α 指数。一方面,以输沙率负值区域面积比例为评价指标,可以通过蒙特卡罗参数敏感性分析的方法事后确定参数,但这种方法依赖于数据的可靠性。实际应用时,这种参数化方法可能存在得到看起来效果很好但物理上不可信的参数的风险。例如,根据前人研究[264,265],曼宁系数 n 的可能范围为 $[0.01, 0.05]$,在不提前限定范围的情况下,蒙特卡罗方法可能会给出超出这个范围的"最优值"。因此,在进行参数化之前要限定参数的合理范围。同时,在参数变化对输沙率负值区域(也称负向输沙率)的影响不大的情况下,如本实验中的曼宁系数 n(图 5.13),应避免过分强调统计上确定的"最优"参数值。

另一方面,虽然输沙率负值区域面积比例可以作为评价指标来进行蒙特卡罗实验,但需要注意的是,负向输沙率有多种可能的来源,参数的不确定性不是唯一的来源。例如,假设 DEM 中的误差服从高斯分布,使用 95% 的显著性检验之后,DoD 中仍可能会存在一定数量的误差(超出检测极限的 5% 的观测值)。这些误差可能导致泥沙局部沉积,进而导致计算出负向输沙率。除了 DEM 误差之外,黄土高原的风力沉积、风力侵蚀和地下侵蚀也会造成方法的不确定性,部分根据地表径流模拟的泥沙搬运路径可能与实际泥沙搬运路径不同,进而导致计算出负向输沙率。所以,考虑到负向输沙率来源的多样性,在进行模型参数化时不应过度重视其统计结果,更应注意参数在物理上的合理性。

5.7 小结

本章提出了基于地形变化检测的输沙过程模拟方法。该方法包含两个子方法,即一维(纵剖面)方法和二维(空间)方法。一维方法即从纵剖面(上游到下游)的视角查看输沙率的变化。该方法将主沟道方向分为四个方向,然后取垂直于主沟道的方向为横剖面方向,将每个截面内的地形变化量累加并向下游传播。

这种方法可以提供输沙率从上游到下游的一个整体变化趋势。输沙率随上下游距离(或距出水口距离)的变化情况可以反映不同沟道段的侵蚀情况和支沟发育情况。在模拟小流域中,输沙率在上游地区快速增加,在接近出水口时变得稳定,说明在上游地区侵蚀剧烈,沟壑溯源侵蚀和支沟发育活跃,但在下游地区,沟蚀活跃程度降低,侵蚀和沉积逐渐达到稳定。

二维方法即从像元尺度推演泥沙的搬运情况。如何根据不同的地表径流过程设计泥沙的路径分配算法是本方法的核心。本书通过多期地形测量得到地形变化量之后,根据地表径流过程的不同,在不同区域使用不同的泥沙路径分配算法,最终得到小流域输沙率的空间分布。实验结果表明,在坡面区域应当使用基于坡度指数的多流向算法;在沟道区域应当使用基于水力模拟的路径分配算法;对于整个小流域的输沙率空间分布模拟,应当使用二者的耦合方法。模拟小流域的实验结果表明输沙率出现负值(质量不守恒)的比例仅为 $0.67\% \sim 9.97\%$,验证了本方法的合理性。

使用耦合水文-水力过程的模拟方法需要确定参数曼宁系数 n、堆积角 ϕ 和 α 指数。这几个参数可以通过蒙特卡罗参数敏感性分析来确定。同时,实验表明地形变化显著性检测、DEM 的空间分辨率、时间分辨率等也影响着方法的性能。随着无人机摄影测量、Lidar、InSAR 等技术的发展,数据获取相关的问题(数据精度和分辨率等)逐渐被解决,使本章提出的输沙过程模拟方法可以广泛地应用于小流域水土流失监测和评价,为地表过程研究带来了新的发展。

第6章

黄土高原典型小流域输沙过程模拟实例与应用

本书第 3 章、第 4 章和第 5 章分别从无人机野外数据采集和高精度地形建模、地形变化检测、输沙过程模拟等方面提出了研究小流域输沙的基本方法。本章将前文的研究成果应用于黄土高原典型黄土小流域,并分析输沙率与流域特征指标的相关性。最后,以泥沙连通性为例,展示输沙率空间分布在地表过程研究中的应用。

6.1 实验设计

6.1.1 输沙率空间分布模拟

黄土小流域的输沙过程模拟实验方案如图 6.1 所示。首先,通过无人机摄影测量获取小流域的高精度 DEM(方法详见第 3 章);然后,评估 DEM 的误差空间分布并进行地形变化显著性检测(方法详见第 4 章);最后,选择合适的泥沙路径分配算法在质量守恒的框架下,计算输沙率的空间分布和纵剖面输沙率(方法详见第 5 章)。

6.1.2 输沙率与流域特征指标相关性分析

流域的特征指标被认为是侵蚀发生的重要影响因素。前人研究[51,190,270]已表明坡度、水流强度指数、地形湿度指数等与侵蚀的发生有关。本节将讨论流域特征指标与输沙活动的相关性。研究输沙率与流域特征指标的相关性对水土保持监测、小流域水土流失治理、农业生产管理具有一定的指导意义。本章从小流域的统计特征、形态特征和水文特征等方面选取定量指标[194],研究其和输沙率的关系。统计特征指标是反映流域长度、面积、地形平均坡度等的数量特征值。形态特征指标体现了流域的二维(平面几何)或三维(地形)形态的特征。水文特征指标反映了流域的地形结构带来的潜在水文特征,如地形湿度、水流强度等。

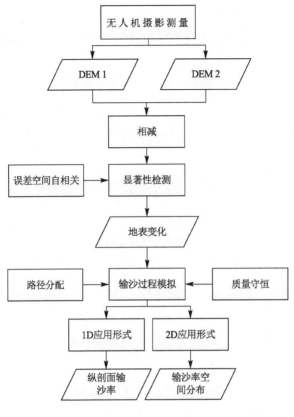

图 6.1　技术路线

　　由于本研究的输沙率计算结果是空间分布的,每一个像元的输沙率表示的是在该点观测到的上游区域的整体输沙率,而传统的小流域统计指标和形态指标(如平均坡度和狭长度)往往是以整个流域为对象得出一个值,因此,本研究将平均坡度、纵比降和流域狭长度等指标重新定义为每个像元对应的上游汇水区的平均坡度、纵比降和流域狭长度,这样得到的指标也是空间分布的,即每一个像元值都有观测值。小流域各特征指标的类型、定义、计算公式和应用意义等如表 6.1 所示。

　　得到小流域的各项特征指标之后,通过皮尔逊相关系数来评估各指标与输沙率的相关性,皮尔逊相关系数 r 的计算公式如下[271]:

$$r(X,Y) = \frac{\mathrm{Cov}\,(X,Y)}{\sqrt{\mathrm{Var}\,[X]\mathrm{Var}\,[Y]}} \tag{6.1}$$

式中，$Cov(X,Y)$ 为变量 X 与 Y 的协方差，$Var[\ ]$ 表示各变量的方差。r 的取值范围为 $[-1,1]$，相关系数的绝对值越大，说明相关程度越高，反之越低，若为 0，则说明两个变量之间不存在线性相关，但并不排除两变量间存在其他关系。

表 6.1　小流域特征指标

类型	指标	符号	定义	计算公式	应用意义
统计特征指标	上游平均坡度	S_u	每个像元上游区域的平均坡度	$S_u = \sum_{i=1}^{n} S_i / n$ S_i 是上游像元的坡度（%），n 是像元个数	反映径流速度和地形平均起伏
	上游汇水面积	A_s	每个像元上游汇水区的面积	—	反映径流量、径流深等
形态特征指标	上游纵比降	E_d	每个像元上游区域的高程差与坡长的比	$E_d = \dfrac{E_s - E_o}{L_0}$ E_s 为汇水区最高点高程（m），E_o 为当前像元高程（m），L_0 是当前像元的上坡坡长（m）	反映各级流域的垂直方向的形态，间接地反映势能大小
	上游狭长度	R_e	与上游汇水区具有等面积圆的直径与汇水区长度的比值	$R_e = \dfrac{Dc}{L_b}$ Dc 为与流域面积相同的圆的直径（m），L_b 为流域长度（m）	反映汇水区的形状；值越大，平面形态越趋近于圆
水文特征指标	地形湿度指数	TWI	单位汇水面积与局部坡度比值的自然对数	$TWI = \ln \dfrac{A_s}{\tan \beta}$ A_s 是单位汇水面积（m^2），β 是坡度（%）	反映流量累积、土壤湿度
	水流强度指数	SPI	描述地表水流的侵蚀力	$SPI = A_s \tan \beta$	反映表面水流的潜在侵蚀能力，与土壤中的有机物、PH 值、含沙量分布、植被分布等有关
	输沙能力指数	LS	同坡度坡长因子，描述土壤侵蚀的无量纲量	$LS = \left(\dfrac{A_s}{22.13}\right)^m \cdot$ $\left(\dfrac{\sin \beta}{0.089\,6}\right)^n$	反映表面水流的潜在侵蚀能力，与土壤中的有机物、pH 值、含沙量分布、植被分布等有关

6.1.3　输沙率空间分布的应用——以泥沙连通性为例

输沙率的空间分布既表现了泥沙的搬运路径,又体现了搬运量的大小。泥沙作为最基本的地表物质和信息载体,泥沙通量(即输沙率)本质上反映的是地表物质的交换强度。通过空间上分布的地表物质交换强度,我们可以识别地貌系统内地貌过程的时空差异,可以洞悉地表物质流和信息流的传输,并将其应用于水土保持、流域生态保护、农业生产规划、土壤污染防治等多个领域。例如,根据输沙率的空间分布可以评估流域系统的连通性,可以推测和识别流域面源污染或点源污染的传播路径。本节以连通性为例展示输沙率空间分布在地表过程研究中的进一步应用。

连通性的概念最早起源于数学,目前广泛应用于地貌、生态、水文、土壤侵蚀、泥沙沉积、水质演变、水资源管理、湿地保护和生物多样性等不同时空尺度的研究[272-274]。泥沙连通性表示控制泥沙流经泥沙源和下游区域之间的通量的联系程度[272]。许多研究提出了泥沙连通性量化指标,其中泥沙输送比(SDR)通过实测地形变化量来衡量泥沙连通的程度[275,276],其计算公式如下:

$$SDR = \frac{Q_s}{Ero} \tag{6.2}$$

式中,Q_s 表示输沙率(或输沙量)(kg/s);Ero 表示区域的毛侵蚀率(或毛侵蚀量)(kg/s);SDR 的取值范围为[0,1],其值越大表示连通性越高,其值越小则表示连通性越低。

SDR 可以是样区整体的计算值,也可以是空间分布的观测值。传统方法只能计算整个区域的值[277],即使用样区地形的净变化量(也是产沙量和输沙量)除以毛侵蚀量得到区域整体的值。当 SDR 作为空间分布的观测值时,这意味着每个像元上都能观测到对应的 SDR。输沙率的空间分布为计算空间上分布的 SDR 提供了条件,将每个像元的输沙率(量)除以其上游汇水区的毛侵蚀率(量)即得到每个像元的观测值。由于 SDR 的空间分布本质上是上游汇水区的观测值,因此其表示的连通性也是上游汇水区到当前像元的连通程度。

6.2　实验结果分析

6.2.1　纵剖面(一维)输沙率

　　四个实测小流域的纵剖面输沙率结果如图 6.2 所示。由于以自然流域为边界,四个小流域最上游泥沙通量均为 0。随着水流在下游区域的逐渐汇集,其输沙率整体也是从上游往下游一直增加。但是,不同样区的局部变化不同。A1 样区中在距上游 1 300 m 左右时,输沙率突然急剧增加。对比遥感影像可知,该区域出现了大面积的人工山体开挖现象,因此输沙率在此处急剧上升。若无人工干扰,其纵剖面输沙率将与 A2 样区相似,在接近沟底出水口时输沙率走势变得平缓。A2 和 B1 样区输沙率一直在上升,但其斜率变得越来越缓。这与沟壑网络特征有关,越往下游区域走,支沟数量越少,侵蚀的贡献率变低。B2 样区接近沟底时,输沙率变高。结合遥感影像可知,这与接近沟底时有一个较大的支沟汇入有关,支沟侵蚀带来的泥沙量使沟底区域搬运的泥沙继续增加。

　　纵剖面输沙模型将每个截面内的地形变化量累加并向下游传播。这种方法提供了输沙率从上游到下游的一个整体变化趋势。输沙率随上下游距离(或出水口距离)的变化情况可以反映不同沟道段的侵蚀情况和支沟发育情况。在实测小流域中,纵剖面输沙率的变化情况在不同样区不同,但整体趋势相同。输沙率从上游到下游一直增加,整体上上游斜率高于下游,这也说明了上游地区沟壑溯源侵蚀较下游主沟道坡面侵蚀更活跃。

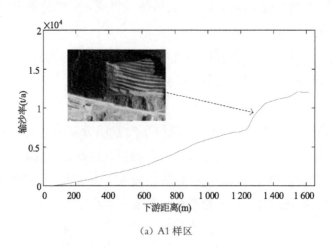

(a) A1 样区

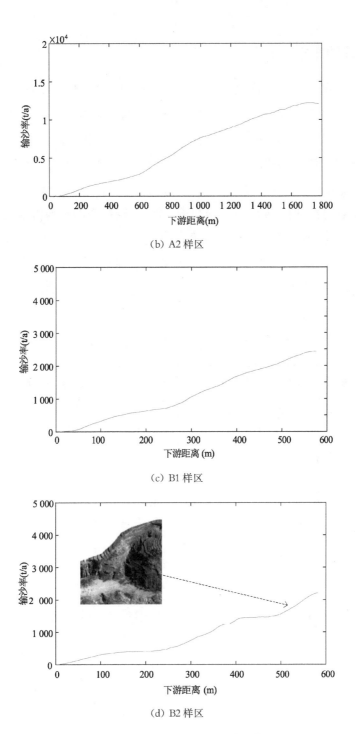

(b) A2 样区

(c) B1 样区

(d) B2 样区

图 6.2　实测小流域纵剖面输沙率

6.2.2 输沙率空间分布

本章以误差空间分布图在95%显著性下检测得到的地形变化量为基础（地形变化检测结果详见第4章），考虑到此处计算结果为年均输沙率，时间尺度较长，因此使用水文方法进行路径分配，得到最终的输沙率结果。四个实测小流域的纵剖面输沙率结果如图6.2所示。从图中可以发现，正地形区域的输沙率均很小，在山脊区域输沙率趋近于0。从山脊线到山谷线的过程中，输沙率逐渐增大。这一结果与沟壑侵蚀产沙过程相符。同时，输沙率的平均值远大于中位数（表6.2），说明数据呈现明显的右偏态分布，部分极大值拉高了数据的平均值。由于水流的汇集效应，输沙率高的地方出现在小流域的汇流网络上。四个样区的输沙率负值区域面积在2.53%～7.85%之间，说明基于地形变化检测的输沙率空间分布模拟结果是合理的。

表 6.2　各样区输沙率统计量和负值区域面积比例

样区	最小值（t/a）	最大值（t/a）	平均值（t/a）	中位数（t/a）	负值区域面积比例（%）
A1	−42.88	11 858.05	17.89	0.39	3.36
A2	−36.94	10 539.22	16.96	0.50	3.51
B1	−0.69	2 856.90	8.53	0.33	2.53
B2	−2.86	2 200.50	9.38	0.22	7.85

根据质量守恒原理，输沙率不应该出现负值。但是在实际过程中负值区域往往难以避免。首先，在侵蚀过程中地形是不断变化的，泥沙搬运路径也不断变化，仅使用一期DEM数据进行路径分配难以避免其不确定性，并且两次地形测量的时间间隔越大，推演泥沙搬运路径的不确定性越大。其次，DEM的精度也是影响输沙率负值区域面积的因素。DEM精度越高、误差空间分布越详尽，输沙率结果越好。再次，与室内模拟小流域相比，野外实测小流域还受到植被的影响。尽管这四个样区植被稀疏，且本研究均选择在每年冬季或早春枯草季节进行地形测量，但是也只能降低植被对DEM建模的影响，无法完全消除植被的影

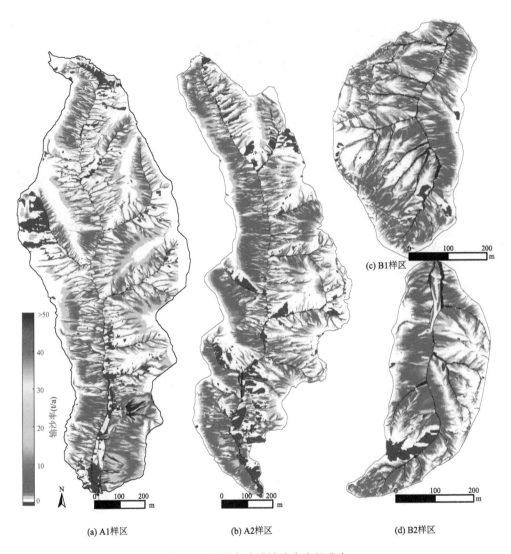

图 6.3　实测小流域输沙率空间分布

响。因此,植被也会造成一定的负向输沙率。最后,当样区存在人为因素引起的地形改变时,会造成质量不守恒,进而降低方法的性能。若样区中有人为因素引起的地形变化,计算结果的负值区域会大幅增加。以 A1、A2 样区为例,通过对比多期遥感影像发现,样区中负值区域成片出现的地方均有人为因素引起的地形改变,如道路修整、梯田改造、山体开挖和居民地房屋建设等。

　　考虑到人类活动极易造成输沙率的负值区域,输沙率的负值区域也可以作

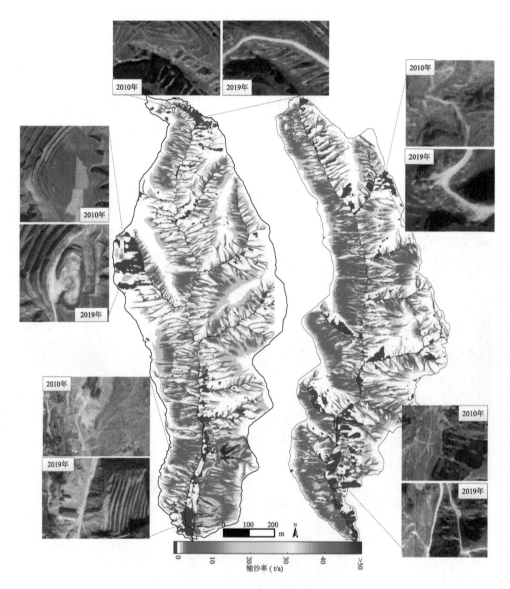

图 6.4　输沙率负值区域影像分析

为衡量人类活动对地表改造的强度的一个指标。现今人类活动对地貌形态的改动越来越剧烈,量化人类活动对地表的改造程度或对自然过程的影响程度已经成为地球科学界的重大挑战之一。前人研究提出了改造面积、地形因子差异、表面峰曲率等一系列指标来量化人类活动对地表改造的强度[278,279]。但是以上指标多基于统计基础,缺乏具体的地学过程意义。本书提到的输沙率负值区域,反映了人类活动造成的泥沙搬运的质量不守恒程度,也体现了人类活动对地表的改造程度或者对自然过程的影响程度。根据表 6.2,B2 样区的输沙率负值区域最大,说明该区域的人类活动可能最强烈。对比遥感影像发现,B2样区正地形区域修筑了大量梯田,面积占比比其他三个样区的更大。

6.2.3　输沙率与流域特征指标相关性分析

(1) 指标计算结果

以 B2 样区为例,表 6.1 中的七个特征指标如图 6.5 所示。由于上游汇水面积 A_S 的计算值较大,此处采用其自然对数 $\ln(A_S)$ 进行可视化。上游汇水面积离流域出水口越近越大,出水口处最大值为流域总面积[图 6.5(a)]。上游平均坡度也称为上坡平均坡度,可以发现在正地形区域,特别是梯田区域,回流区平均坡度非常低,沟壑区域平均坡度较高,特别是沟壑的边坡区域(沟沿线以下,坡脚线以上)[图 6.5(b)]。上游纵比降在沟壑边坡区域高于正地形坡面区域,但在沟道网络(沟底)上其值并不高[图 6.5(c)],这是由于沟道边坡区域发育的沟壑如切沟等的上游汇水区不大,上坡坡长不长,但是高程较大,所以纵比降较大。上游狭长度在正地形区域高于沟壑区域[图 6.5(d)]。根据狭长度的定义,其值越大,汇水区形状越趋近于圆。在正地形区域,由于没有沟壑的发育,其汇水区形状越趋近于圆,狭长度较大;而在沟壑区域,汇水区形状越"狭窄",狭长度较低。水流强度指数、地形湿度指数、输沙能力指数的值在沟壑区域均大于正地形区域[图 6.5(e)、(f)、(g)],这一结果和小流域的汇流和地形特征相符。

(2) 相关性分析

输沙率的空间分布是泥沙在空间上的搬运结果,其大小和分布可能与流域的各项特征指标有关。以 B2 样区为例,输沙率与七个指标的相关性如图 6.6 所示,其中输沙率与上游纵比降没有明显的相关性。输沙率和上游平均坡度有较弱的正相关性,但是,当将坡度限定在 $0°\sim40°$ 的范围时,可以看出输沙率与上游平均坡度有一定的正相关关系[图 6.6(a)]。坡度高于 $40°$ 的区域输沙率反而不高,这可能与坡度过高时上游汇水面积较小有关。此外,输沙率与上游狭长度、上游汇水面积及三个水文特征指标(TWI、SPI、LS)均呈现了一定的正相关关系,但相关系数不同。

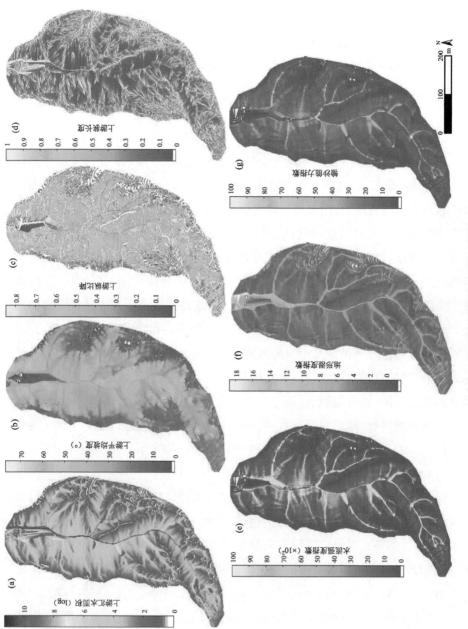

图 6.5　小流域特征指标计算结果

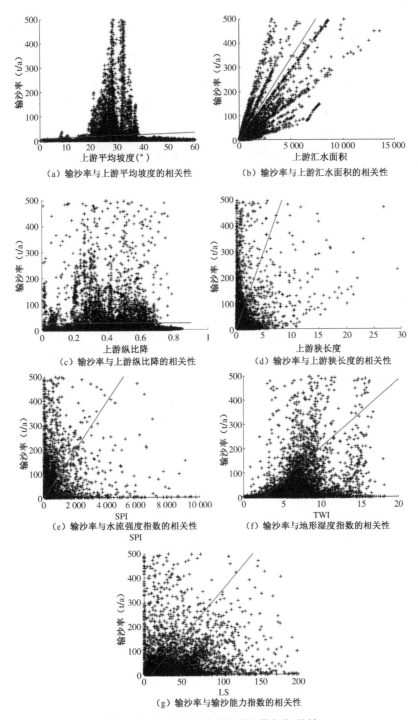

（a）输沙率与上游平均坡度的相关性

（b）输沙率与上游汇水面积的相关性

（c）输沙率与上游纵比降的相关性

（d）输沙率与上游狭长度的相关性

（e）输沙率与水流强度指数的相关性

（f）输沙率与地形湿度指数的相关性

（g）输沙率与输沙能力指数的相关性

图 6.6　B2 样区输沙率与特征指标相关性

　　四个样区的输沙率与指标相关性分析结果如表 6.3 所示。输沙率与各指标的相关性在不同样区相似。统计特征指标中,上游平均坡度和输沙率没有明显的相关性;而上游汇水面积和输沙率展现出了非常强的相关性,最高达 0.997,这与水流的汇集效应有关,汇水区越大,输沙率越大。形态指标中,上游纵比降和输沙率关系不大,而狭长度反映出与输沙率的正相关关系,说明流域形态的垂直方向上的扁平程度不影响输沙率,而平面上的扁平程度影响输沙率,平面形态越趋近于圆,输沙率越大。水文特征指标均与输沙率有正相关关系,相关性大小依次为:SPI>TWI>LS。尽管在各种土壤侵蚀预测模型中,LS 因子使用更多,但是当预测泥沙搬运时,使用 SPI 可能会更好。

表 6.3　各样区特征指标与输沙率相关性分析结果

指标		样区			
		A1	A2	B1	B2
上游平均坡度	相关系数 r	0.003	0.004	0.007	0.024
	显著性 p	*	*	*	* *
上游汇水面积	相关系数 r	0.847	0.997	0.990	0.982
	显著性 p	* *	* *	* *	* *
上游纵比降	相关系数 r	-0.082	-0.067	-0.044	-0.002
	显著性 p	*	*	*	
上游狭长度	相关系数 r	0.213	0.246	0.325	0.289
	显著性 p	* *	* *	* *	* *
TWI	相关系数 r	0.382	0.317	0.284	0.309
	显著性 p	* *	* *	* *	* *
SPI	相关系数 r	0.483	0.391	0.178	0.445
	显著性 p	* *	* *	* *	* *
LS	相关系数 r	0.142	0.190	0.117	0.310
	显著性 p	* *	* *	* *	* *

注:*:$p < 0.1$;* *:$p < 0.01$。

6.2.4　泥沙连通性

应用式(6.2)逐像元计算 SDR 时,需要注意由于输沙率 Q_s 受 DEM 误差和植被等的影响有出现负值的情况,因此计算得到的 SDR 也会出现负值,导致连通性为负,不符合实际情况。为了避免这种情况的发生,计算 SDR 时需要对输沙率为负值的区域进行掩膜或者裁剪,排除其影响。为了方便查看 SDR 和地形的关系,将地形光照晕渲图像(Hillshade)作为底图和 SDR 进行了叠加显示。四个样区的结果如图 6.7 所示。

根据 SDR 的定义,像元值越大,该像元与上游汇水区的连通性就越好。从图 6.7 中可以发现坡面区域的连通性均很高,说明泥沙可以顺利地通过这些区域。图 6.7(a)中图(1)展示了 A1 样区沟壑网络上的连通性。与坡面区域相比,沟道区域的连通性明显降低,说明泥沙在这些地方容易沉积,无法完全输送到下游区域。尽管沟道中的连通性降低,但是在出水口处其值仍然大于 0(表 6.4),说明整个流域和出水口仍保持连通,沟壑网络仍有能力向下游输送泥沙。

出水口的连通性即流域整体的连通性,如表 6.4 所示,四个样区中 B1 样区整体的连通性最高,B2 样区的连通性最低。除了 B2 样区的连通性本来就低之外,还可能跟负向输沙率有关,由于 SDR 的计算依赖于输沙率的空间分布,负向输沙率除了影响自身像元外,还会向周围像元传播,导致周围像元的输沙率低于实际输沙率,进而导致连通性低于实际连通性。四个样区中 B2 样区的输沙率负值区域最多(表 6.2),所受影响也较大。

表 6.4　小流域整体连通性

样区	A1	A2	B1	B2
流域整体连通性(SDR)	0.80	0.80	0.93	0.75

图 6.7(a)也展示了人为地形变化对连通性的影响。修筑梯田和道路等在下坡区域产生了泥沙堆积或填方[图 6.7(a)中图(2)和(3)],而根据原始地形,泥沙无法搬运到该区域,由此导致了负向输沙率的出现。负向输沙率的进一步传播导致下坡坡面区域的连通性均较低。除了负向输沙率外,梯田和道路等本身能截断泥沙,导致下坡区域的连通性较低。图 6.7(a)中的图(4)和(5)也显示了自然因素引起的连通性降低。图 6.7(a)中图(4)显示的区域坡度较缓且在主

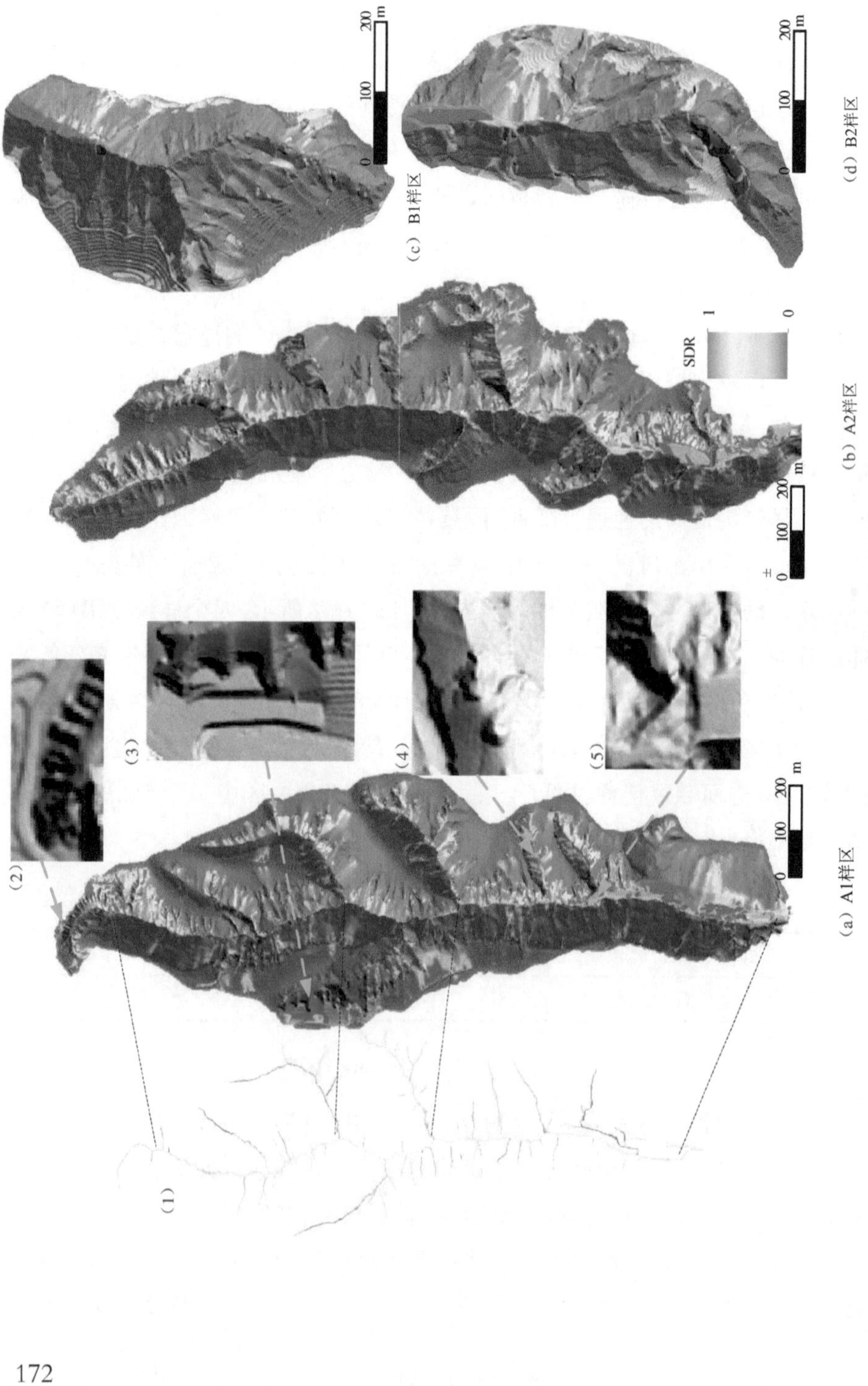

图 6.7 小流域连通性指标计算结果

沟道中出现了两个较大的陷穴,导致泥沙被截留在该处,使整个支沟的联通性较低。图 6.7(a)中图(5)所示区域由于出水口处出现了类似淤地坝的地形,泥沙被截留,连通性较低。

对连通性的研究,可以促进对地貌系统内物质通量的时空差异的识别,可以促进应用跨学科的方法来理解地貌过程。根据输沙率的空间分布可以计算小流域的连通性指标 SDR。一方面,SDR 可以和其他的流域连通性指标(如连通性指数 IC 等)相互借鉴、相互解释和相互印证。另一方面,从图 6.7 中可以发现,水土保持措施(如梯田等)和工程建设(如道路建设等)是影响泥沙连通性的重要因素,连通性的改变会进一步影响小流域的生态环境,对连通性的研究可以反过来指导水土保持措施和生态环境工程建设。

6.3　小结

本章以野外实测小流域为例,通过两期无人机摄影测量得到的地形变化量,依据第 5 章介绍的模拟方法在像元尺度推算了泥沙输送路径和输沙量,进而得到小流域的输沙率空间分布。实验结果表明,该方法能有效模拟泥沙在空间上的输送情况,四个样区中质量不守恒的区域面积占比在 2.53%～7.85% 之间,不守恒区域多为人类活动影响区。同时,本章分析了输沙率与流域特征指标的关系,发现输沙率与上游汇水面积、上游汇水区狭长度及三个水文参数(SPI、TWI、LS)成正相关。最后,本章以泥沙连通性为例展示了输沙率空间分布在地表过程研究中的应用。

第 7 章

总结与展望

7.1　主要结论

本书首先建立了面向小流域侵蚀监测的无人机摄影测量优化方法；然后，基于上述方法建立了高精度 DEM，提出了顾及误差空间自相关的地形变化检测方法，实现了对黄土小流域侵蚀量的有效评估；最后，在质量守恒原理的框架下将地形变化量和泥沙搬运过程联系起来，构建了在像元尺度模拟泥沙的搬运路径和不同路径的分配量的整套方法框架，探索了从地形变化结果反演地表过程的研究范式，取得了相应的研究成果。本书主要研究结论如下。

（1）总结了水流泥沙质量守恒原理的基本概念，分析了将其应用于黄土小流域的应用条件。在应用水流泥沙质量守恒原理反推输沙过程时，高精度 DEM 是重要的数据基础，同时，需要厘清研究区风力侵蚀、水力侵蚀和风力沉积之间的主次关系。

（2）针对消费级无人机，探索了相机倾角、航高、直接地理定位技术和控制点质量对高程精度的影响，提出了面向输沙过程监测的无人机摄影测量精度优化方法。实验结果表明，在无控制测量的情况下，倾斜摄影（特别是相机倾角大于 20°时）有利于降低相机畸变参数相关性，减少系统误差，改善高程精度；航高对高程精度的影响与相机倾角有关，使用倾斜摄影时，有利于降低高程精度对航高变化的敏感性。在有控制点的情况下，一方面，要使用蒙特卡罗检测对控制点质量进行评估和筛选；另一方面，相对于垂直摄影，倾斜摄影需要更多的控制点，其高程精度才能达到饱和。在野外实际应用时，可根据以上实验结果灵活选取测量方案，提高测量精度。

（3）提出了顾及误差空间自相关的地形变化检测方法，探索了显著性分割和误差空间自相关对地形变化检测的影响，实现了对小流域侵蚀产沙量的有效测算。实验结果表明，显著性阈值分割对地形稳定区域的毛侵蚀量和毛沉积量的计算至关重要，但对净侵蚀量的影响不大。考虑到黄土小流域中往往既有稳定区域又有侵蚀和沉积区域,在做地形变化检测时应使用显著性阈值分割。无人机摄影测量的高程误差存在一定程度的空间自相关。通过蒙特卡罗光束平差模拟可以得到无人机摄影测量的误差空间分布。在进行地形变化检测时,使用误差空间分布代替中误差进行误差传播和检测可以提高检测结果的可靠性。

(4) 依据黄土小流域的径流特征,构建了基于地形变化检测的小流域输沙过程模拟方法,实现了对泥沙搬运路径和搬运量(即输沙率空间分布)的有效评估。该方法包含两个子方法,即一维(纵剖面)方法和二维(空间)方法。一维方法将每个截面内的地形变化量累加并向下游传播,即从纵剖面(上游到下游)的视角查看输沙率的变化。这种方法可以反映输沙率从上游到下游的一个整体变化趋势。输沙率随上下游距离(或出水口距离)的变化情况可以反映不同沟道段的侵蚀情况和支沟发育情况。二维方法即从像元尺度推演泥沙的搬运情况。如何根据不同的地表径流过程设计泥沙的路径分配算法是本方法的核心。本书探索了不同路径分配算法在坡面区域和沟道区域的有效性。实验结果表明,在坡面区域应当使用基于坡度指数的多流向算法;在沟道区域应当使用基于水力模拟的路径分配算法;对于整个小流域的输沙率空间分布模拟,应当使用二者的耦合方法。使用上述方法在模拟小流域输沙过程时,输沙率出现负值(质量不守恒)的比例仅为 $0.67\% \sim 9.97\%$,验证了本方法的合理性。此外,本书还讨论了上述方法的适用条件,以及地形变化检测、DEM 的时间和空间分辨率、土壤容重空间差异、模型参数化等对该方法的影响。

(5) 通过四个野外小流域实测验证了小流域输沙过程模拟方法,分析了输沙率的空间分布与小流域特征指标的关系,并以泥沙连通性为例展示了输沙率空间分布的应用。实验结果表明,该方法在野外实测样区中也能有效模拟泥沙在空间上的输移情况,四个样区中质量不守恒的区域面积占比仅在 $2.53\% \sim 7.85\%$ 之间,不守恒区域多为人类活动影响区。在输沙率的空间分布方面,通过相关性分析发现其与上游汇水面积、上游汇水区狭长度及三个水文参数(SPI、TWI、LS)成正相关。在应用方面,输沙率的空间分布和依据其计算的泥沙连通性等已经为地表过程研究带来了新的发展。

7.2 特色与创新

本书的特色与创新点如下：

（1）基于实测地形变化量，在质量守恒的框架下，创新性地提出了小流域输沙过程模拟的方法，利用空间化的思维在像元尺度考虑泥沙的输移过程，解决了不同地表径流过程下泥沙的路径分配问题，探索了从地形变化结果反演地表过程的研究范式，为地表过程研究带来了新的发展。

（2）通过分析相机姿态、飞行高度、机载 GNSS-RTK 和控制点布设数量等对无人机摄影测量高程精度的影响，提出了面向输沙过程监测的无人机摄影测量优化方法，为基于无人机的小流域侵蚀监测工作提供了指导。

（3）探索了无人机摄影测量误差空间分布的评估方法，厘清了显著性阈值分割对地形毛沉积量、毛侵蚀量、净变化量及其空间分布的影响，提出了顾及误差空间自相关的地形变化检测方法，为地表变形监测、水土流失评估等提供了重要支撑。

7.3 不足与展望

（1）本书基于实测地形变化量，在质量守恒的框架下，提出了小流域的输沙过程模拟方法，讨论了不同地表径流过程下的泥沙路径分配。但这一系列方法的前提假设是泥沙均随水流搬运。而在黄土小流域中不仅有水力侵蚀和沉积，还有风力侵蚀和风力沉积，当整个样区以水力侵蚀和沉积为主时，可以使用本书提出的输沙过程模拟方法；当样区以风力侵蚀和沉积为主时，输沙过程模拟方法还需要进一步研究和讨论。

（2）小流域的输沙过程是与降雨和地表径流事件相关的实时动态过程，而本研究中野外样区的地形测量周期均以年记，很难做到实时的地形测量。最佳的做法是将地形测量周期和降雨事件（或径流事件）相匹配，这样可以得到每一场降雨事件对应的输沙率空间分布。后续研究中可以针对降雨事件提高测量频率，分析不同降雨强度、降雨时间等对泥沙搬运活动的影响。若有多时序的地形观测数据,还可以进一步研究小流域输沙过程的时空变化模式。

(3) 输沙率的空间分布既反映了泥沙的搬运路径,又体现了搬运量的大小。泥沙作为最基本的地表物质和信息载体,泥沙通量(即输沙率)本质上反映的是地表物质的交换强度。通过空间上分布的地表物质交换强度,我们可以识别地貌系统内地貌过程的时空差异,可以洞悉地表物质流和信息流的传输,并将其应用于水土保持、流域生态保护、农业生产规划、土壤污染防治等多个领域。

(4) 本书针对消费级无人机,探讨了相机姿态、航高、机载 RTK 和控制点数量对黄土小流域无人机摄影测量高程精度的影响。但是,影响高程精度的因素还有很多,如相机性能、组合拍照方式(如有研究提出除常规格网飞行拍照之外,可再补充一组倾斜的收敛照片)和飞行方式(如仿地飞行和普通格网飞行)等,可以进一步开展研究。

(5) 测量误差可分为系统误差和随机误差。考虑到空间分布,随机误差又可进一步分为纯随机误差和空间自相关的随机误差。本书讨论了纯随机误差和空间自相关的随机误差对地形变化检测的影响,但其中隐含了一个前提,即默认本研究中的系统误差均远小于随机误差。当系统误差和随机误差数量级相当时,还应考虑系统误差对地形变化检测的影响。此外,还需要进一步研究系统误差和偶然误差混合出现时对地形变化检测的影响。

参 考 文 献

［1］汤国安,李发源,熊礼阳.黄土高原数字地形分析研究进展[J].地理与地理信息科学,
2017,33(4)：1-7.

［2］甘枝茂.黄土高原地貌与土壤侵蚀研究[M].西安：陕西人民出版社,1989.

［3］李斌兵,郑粉莉,张鹏.黄土高原丘陵沟壑区小流域浅沟和切沟侵蚀区的界定[J].水土
保持通报,2008,28(5)：16-20.

［4］李斌兵,郑粉莉,王占礼.黄土丘陵区小流域分布式水文和侵蚀模型建立和模拟[J].土
壤通报,2010(5)：1153-1160.

［5］张科利,钟德钰.黄土坡面沟蚀发生机理的水动力学试验研究[J].泥沙研究,1998(3)：
74-80.

［6］张鹏,郑粉莉,王彬,等.高精度 GPS、三维激光扫描和测针板三种测量技术监测沟蚀过
程的对比研究[J].水土保持通报,2008,28(5)：11-15,20.

［7］WU B, WANG Z L, SHEN N, et al. Modelling sediment transport capacity of rill flow
for loess sediments on steep slopes[J]. Catena, 2016, 147：453-462.

［8］董一帆,伍永秋.利用虚拟插钎对切沟沟底不同部位短期变化的初步研究[J].地理科
学, 2010,30(6)：892-897.

［9］李镇,张岩,姚文俊.切沟侵蚀监测与预报技术研究述评[J].中国水土保持科学,
2012,10(6)：110-115.

［10］李镇,张岩,姚文俊,等.基于 QuickBird 影像估算晋西黄土区切沟发育速率[J].农业
工程学报, 2012, 28(22)：141-148.

［11］LIU K, DING H, TANG G A, et al. Large-scale mapping of gully-affected areas：An
approach integrating Google Earth images and terrain skeleton information ［J］.
Geomorphology, 2018, 314：13-26.

［12］LYLE W M, SMERDON E T. Relation of compaction and other soil properties to erosion
resistance of soils[J]. Transactions of the ASAE, 1965, 8(3)：419-422.

[13] FOSTER G R, MEYER L D. A closed-form soil erosion equation for upland areas[J]. // SHEN H A. Sedimentation, Symposium to Honor Professor H. A. Einstein, Fort Collins, Colorado State University, 1972: 12.1-12.19.·

[14] 王玲. 陡坡地水蚀过程与泥沙搬运机制[D]. 北京：中国科学院大学, 2016.

[15] KINNELL P I A, RISSE L M. USLE-M: Empirical modeling rainfall erosion through runoff and sediment concentration[J]. Soil Science Society of America Journal, 1998, 62 (6): 1667-1672.

[16] LAFLEN J M, LANE L J, FOSTER G R. WEPP: A new generation of erosion prediction technology[J]. Journal of Soil and Water Conservation, 1991, 46(1): 34-38.

[17] MORGAN R P C, QUINTON J N, SMITH R E, et al. The European Soil Erosion Model (EUROSEM): a dynamic approach for predicting sediment transport from fields and small catchments[J]. Earth Surface Processes and Landforms, 1998, 23(6): 527-544.

[18] ALEWELL C, BORRELLI P, MEUSBURGER K, et al. Using the USLE: Chances, challenges and limitations of soil erosion modelling[J]. International Soil and Water Conservation Research, 2019, 7(3): 203-225.

[19] 张玉斌, 郑粉莉, 贾媛媛. WEPP 模型概述[J]. 水土保持研究, 2004, 11(4): 146-149.

[20] 蔡强国, 陆兆熊, 王贵平. 黄土丘陵沟壑区典型小流域侵蚀产沙过程模型[J]. 地理学报, 1996, 51(2): 108-117.

[21] 徐涛. 基于 GIS 的分布式区域水土流失模型研究[D]. 咸阳：西北农林科技大学, 2005.

[22] 王光谦. 河流泥沙研究进展[J]. 泥沙研究, 2007(2): 64-81.

[23] 游智敏, 伍永秋, 刘宝元. 利用 GPS 进行切沟侵蚀监测研究[J]. 水土保持学报, 2004, 18(5): 91-94.

[24] ANTONIAZZA G, BAKKER M, LANE S N. Revisiting the morphological method in two-dimensions to quantify bed-material transport in braided rivers[J]. Earth Surface Processes and Landforms, 2019, 44(11): 2251-2267.

[25] 穆兴民. 黄土高原生态水文研究[M]. 北京：中国林业出版社, 2001.

[26] EXNER F M. Uber die wechselwirkung zwischen wasser und geschiebe in flussen[J]. Akad Wiss Wien Math Naturwiss Klasse, 1925, 134(2a): 165-204.

[27] VERICAT D, WHEATON J M, BRASINGTON J. Revisiting the morphological approach: opportunities and challenges with repeat high-resolution topography [M]// TSUTSUMI D, LARONNE J B Gravel-Bed Rivers: Process and Disasters. Wiley, 2017: 121-158.

［28］MAARTEN B, GILLES A, ELIOTTO, et al. Morphological response of an alpine braided reach to sediment-laden flow events［J］. Journal of Geophysical Research：Earth Surface, 2019, 124(5)：1310-1328.

［29］DAI W, HU G H, YANG X, et al. Identifying ephemeral gullies from high-resolution images and DEMs using flow-directional detection［J］. Journal of Mountain Science, 2020, 17(12)：3024-3038.

［30］DAI W, XIONG L Y, ANTONIAZZA G, et al. Quantifying the spatial distribution of sediment transport in an experimental gully system using the morphological method［J］. Earth Surface Processes and Landforms, 2021, 46(6)：1188-1208.

［31］DAI W, NA J M, HUANG N, et al. Integrated edge detection and terrain analysis for agricultural terrace delineation from remote sensing images［J］. International Journal of Geographical Information Science, 2020, 34(3/4)：484-503.

［32］DAI W, YANG X, NA J M, et al. Effects of DEM resolution on the accuracy of gully maps in loess hilly areas［J］. Catena, 2019, 177：114-125.

［33］卫伟, 陈利顶, 傅伯杰, 等. 半干旱黄土丘陵沟壑区降水特征值和下垫面因子影响下的水土流失规律［J］. 生态学报, 2006, 26(11)：3847-3853.

［34］贾志伟, 江忠善, 刘志. 降雨特征与水土流失关系的研究［J］. 水土保持研究, 1990(2)：9-15.

［35］ALONSO C V, NEIBLING W H, FOSTER G R. Estimating sediment transport capacity in watershed modeling［J］. Transactions of the ASAE, 1981, 24(5)：1211-1220.

［36］张振国, 范变娥, 白文娟, 等. 黄土丘陵沟壑区退耕地植物群落土壤抗蚀性研究［J］. 中国水土保持科学, 2007, 5(1)：7-13.

［37］魏慧, 赵文武, 王晶. 土壤可蚀性研究述评［J］. 应用生态学报, 2017, 28 (8)：2749-2759.

［38］FLANAGAN D C, ASCOUGH II J C, NEARING M A, et al. The water erosion prediction project(WEPP)model［M］//Landscape Erosion and Evolution Modeling. New York：Springer. 2001：145-199.

［39］NEARING M A, FOSTER G R, LANE L, et al. A process-based soil erosion model for USDA-Water Erosion Prediction Project technology［J］. Transactions of the ASAE, 1989, 32(5)：1587-1593.

［40］蔡强国, 陆兆熊, 王贵平. 黄土丘陵沟壑区典型小流域侵蚀产沙过程模型［J］. 地理学报, 1996, 51(2)：108-117.

［41］ MAHMOODABADI M, GHADIRI H, ROSE C, et al. Evaluation of GUEST and WEPP with a new approach for the determination of sediment transport capacity［J］. Journal of Hydrology, 2014, 513: 413-421.

［42］ ALI M, SEEGER M, STERK G, et al. A unit stream power based sediment transport function for overland flow［J］. Catena, 2013, 101: 197-204.

［43］ ZHANG G H, LIU G B, TANG K M, et al. Flow detachment of soils under different land uses in the Loess Plateau of China［J］. Transactions of the ASABE, 2008, 51(3): 883-890.

［44］ WANG J G, LI Z X, CAI C F, et al. Predicting physical equations of soil detachment by simulated concentrated flow in Ultisols (subtropical China)［J］. Earth Surface Processes and Landforms, 2012, 37(6): 633-641.

［45］ WANG B, ZHANG G H, SHI Y Y, et al. Effects of near soil surface characteristics on the soil detachment process in a chronological series of vegetation restoration［J］. Soil Science Society of America Journal, 2015, 79(4): 1213-1222.

［46］ GHEBREIYESSUS Y, GANTZER C, ALBERTS E, et al. Soil erosion by concentrated flow: shear stress and bulk density［J］. Transactions of the ASAE, 1994, 37(6): 1791-1797.

［47］ CIAMPALINI R, TORRI D. Detachment of soil particles by shallow flow: sampling methodology and observations［J］. Catena, 1998, 32(1): 37-53.

［48］ LEI T W, ZHANG Q, ZHAO J, et al. A laboratory study of sediment transport capacity in the dynamic process of rill erosion［J］. Transactions of the ASAE, 2001, 44(6): 1537-1542.

［49］ BEASLEY D B, HUGGINS L F, MONKE E J. ANSWERS: A model for watershed planning［J］. Transactions of the ASAE, 1980, 23(4): 938-944.

［50］ 申楠. 黄土坡面细沟水流分离能力对水力学特征的响应过程研究［D］. 咸阳: 西北农林科技大学, 2014.

［51］ 刘淑燕, 秦富仓, 项元和, 等. 基于 WEPP 模型进行坡度因子与侵蚀量关系研究［J］. 干旱区资源与环境, 2006, 20(4): 97-101.

［52］ 高晨烨, 张宽地, 杨明义. 基于无量纲水流强度指标的坡面流输沙能力计算方法［J］. 农业工程学报, 2018, 34(17): 134-142.

［53］ GOVERS G. Empirical relationships for the transport capacity of overland flow［J］. IAHS publication, 1990, 189: 45-63.

[54] SCHIETTECATTE W, GABRIELS D, CORNELIS W, et al. Enrichment of organic carbon in sediment transport by interrill and rill erosion processes[J]. Soil Science Society of America Journal, 2008, 72(1): 50-55.

[55] GOVERS G. Evaluation of transporting capacity formulae for overland flow conditions [M]. London: University College London Press, 1992.

[56] 周志德. 20 世纪的泥沙运动力学[J]. 水利学报, 2002, 33(11): 74-77,83.

[57] RIENZI E A, FOX J F, GROVE J H, et al. Interrill erosion in soils with different land uses: the kinetic energy wetting effect on temporal particle size distribution[J]. Catena, 2013, 107: 130-138.

[58] CUMMINGS D. Soil erodibility determinations from laboratory rainfall simulation[D]. The University of Melbourne, 1981.

[59] LOCH R, DONNOLLAN T. Field rainfall simulator studies on two clay soils of the Darling Downs, Queensland. II. Aggregate Breakdpwn, sediment properties and soil erodibility[J]. Soil Research, 1983, 21(1): 47-58.

[60] 王剑. 降雨驱动下侵蚀泥沙颗粒分选特征及搬运机制[D]. 武汉: 华中农业大学, 2015.

[61] ASADI H, MOUSSAVI A, GHADIRI H, et al. Flow-driven soil erosion processes and the size selectivity of sediment[J]. Journal of Hydrology, 2011, 406(1-2): 73-81.

[62] 黄才安. 水流泥沙运动基本规律[M]. 北京: 海洋出版社, 2004.

[63] 郑粉莉, 刘峰, 杨勤科, 等. 土壤侵蚀预报模型研究进展[J]. 水土保持通报, 2001, 21(6): 16-18,32.

[64] 肖飞鹏, 程根伟, 鲁旭阳. 流域降雨侵蚀模型研究进展[J]. 水土保持研究, 2009, 16(1): 98-101,106.

[65] 王秀英, 曹文洪. 坡面土壤侵蚀产沙机理及数学模型研究综述[J]. 土壤侵蚀与水土保持学报, 1999, 5(3): 87-92.

[66] 姚文艺. 我国侵蚀产沙数学模型研究评述与展望[J]. 泥沙研究, 2011(2): 65-74.

[67] 江忠善, 宋文经. 黄河中游黄土丘陵沟壑区小流域产沙量计算[C]//第一次河流泥沙国际学术讨论会文集. 北京: 光华出版社, 1980: 63-72.

[68] 江忠善, 王志强, 刘志. 应用地理信息系统评价黄土丘陵区小流域土壤侵蚀的研究[J]. 水土保持研究, 1996(2): 84-97.

[69] 张小峰, 许全喜, 裴莹. 流域产流产沙 BP 网络预报模型的初步研究[J]. 水科学进展, 2001, 12(1): 17-22.

［70］秦毅，曹如轩，樊尔兰. 用线性系统模型预报小流域悬沙输沙率过程初探［J］. 人民黄河，1990（5）：54-58.

［71］樊尔兰. 悬移质瞬时输沙单位线的探讨［J］. 泥沙研究，1988（2）：58-63.

［72］刘宝元，毕小刚，符素华，等. 北京土壤流失方程［M］. 北京：科学出版社，2010.

［73］刘宝元，谢云，张科利. 土壤侵蚀预报模型［J］. 北京：中国科学技术出版社，2001.

［74］俱战省，文安邦，严冬春，等. 基于137Cs、210Pb 和 CSLE 的三峡库区小流域土壤侵蚀评估［J］. 水土保持学报，2015（03）：75-80.

［75］陈锐银，严冬春，文安邦，等. 基于 GIS/CSLE 的四川省水土流失重点防治区土壤侵蚀研究［J］. 水土保持学报，2020，34（1）：17-26.

［76］WILLIAMS J, JONES C, Pt D. EPIC, The Erosion-Productivity Impact Calculator, Volume I. Model Documentation［Z］. Washington D C：USDA-ARS，1984，5-104.

［77］DOUGLAS-MANKIN K, SRINIVASAN R, ARNOLD J. Soil and Water Assessment Tool (SWAT) model：current developments and applications［J］. Transactions of the ASABE，2010，53（5）：1423-1431.

［78］ARNOLD J. SWAT-Soil and Water Assessment Tool［R］. 1994.

［79］HESSEL R, JETTEN V, LIU B Y, et al. Calibration of the LISEM model for a small Loess Plateau catchment［J］. Catena，2003，54（1-2）：235-254.

［80］DE ROO A P J, WESSELING C G, RITSEMA C J. LISEM：A single-event physically based hydrological and soil erosion model for drainage basins. I：theory, input and output ［J］. Hydrological Processes，1996，10（8）：1107-1117.

［81］TIWARI A K, RISSE L M, NEARING M A. Evaluation of WEPP and its comparison with USLE and RUSLE［J］. Transactions of the ASAE，2000，43（5）：1129-1135.

［82］SHEN Z Y, GONG Y W, LI Y H, et al. A comparison of WEPP and SWAT for modeling soil erosion of the Zhangjiachong Watershed in the Three Gorges Reservoir Area ［J］. Agricultural Water Management，2009，96（10）：1435-1442.

［83］郝韵，于瑞宏，郝瑞英，等. 水力侵蚀预测模型 GeoWEPP 研究进展［J］. 水利水电科技进展，2015，35（3）：99-105.

［84］WANG B, ZHENG F L, RÖMKENS M J. Comparison of soil erodibility factors in USLE, RUSLE2, EPIC and Dg models based on a Chinese soil erodibility database［J］. Acta Agriculturae Scandinavica, Section B-Soil & Plant Science，2013，63（1）：69-79.

［85］LANE S N, RICHARDS K S, CHANDLER J H. Morphological estimation of the time-integrated bed load transport rate［J］. Water Resources Research，1995，31（3）：761-772.

[86] 尹佳宜，伍永秋，汪言在. 采用不同方法测量切沟的误差分析[J]. 水土保持研究，2008，15(1)：12-16.

[87] 胡刚，伍永秋，刘宝元，等. GPS 和 GIS 进行短期沟蚀研究初探——以东北漫川漫岗黑土区为例[J]. 水土保持学报，2004，18(4)：16-19，41.

[88] VRIELING A, RODRIGUES S C, BARTHOLOMEUS H, et al. Automatic identification of erosion gullies with ASTER imagery in the Brazilian Cerrados[J]. International Journal of Remote Sensing，2007，28(12)：2723-2738.

[89] YANG X, DAI W, TANG G A, et al. Deriving ephemeral gullies from VHR image in Loess hilly areas through directional edge detection[J]. ISPRS International Journal of Geo-Information，2017，6(11)：371.

[90] D'OLEIRE-OLTMANNS S, MARZOLFF I, TIEDE D, et al. Detection of gully-affected areas by applying object-based image analysis（OBIA）in the region of Taroudannt, Morocco[J]. Remote Sensing，2014，6(9)：8287-8309.

[91] SHRUTHI R B V, KERLE N, JETTEN V, et al. Quantifying temporal changes in gully erosion areas with object oriented analysis[J]. Catena, 2015, 128：262-277.

[92] 闫业超，张树文，岳书平. 近 40a 黑土典型区坡沟侵蚀动态变化[J]. 农业工程学报，2010，26(2)：109-115.

[93] 马玉凤，严平，王耿锐，等. 青海共和盆地威连滩冲沟侵蚀遥感监测的初步结果[J]. 水土保持研究，2009，16(2)：1-5.

[94] SHRUTHI R B V, KERLE N, JETTEN V. Object-based gully feature extraction using high spatial resolution imagery[J]. Geomorphology, 2011, 134(3-4)：260-268.

[95] 李镇，张岩，杨松，等. QuickBird 影像目视解译法提取切沟形态参数的精度分析[J]. 农业工程学报，2014，30(20)：179-186.

[96] LI Z, ZHANG Y, ZHU Q K, et al. A gully erosion assessment model for the Chinese Loess Plateau based on changes in gully length and area[J]. Catena, 2017, 148：195-203.

[97] NA J M, YANG X, DAI W, et al. Bidirectional DEM relief shading method for extraction of gully shoulder line in loess tableland area[J]. Physical Geography, 2018, 39(4)：368-386.

[98] 何福红，李勇，张晴雯，等. 基于 GPS 不同测量间距的 DEM 地形信息提取沟蚀参数对比[J]. 水土保持学报，2006(5)：116-120.

[99] NEUGIRG F, KAISER A, SCHMIDT J, et al. Quantification, analysis and modelling of soil erosion on steep slopes using LiDAR and UAV photographs[J]. Proceedings of the

international Association of Hydrological Sciences，2015，367：51-58.

[100] LIU K，DING H，TANG G，et al. Detection of catchment-scale gully-affected areas using unmanned aerial vehicle（UAV）on the Chinese Loess Plateau[J]. ISPRS International Journal of Geo-Information，2016，5(12)：238.

[101] 周高伟，李英成，任延旭，等. 低空无人机双介质水下礁盘深度测量试验与分析[J]. 测绘学报，2015，44(5)：548-554,562.

[102] 代文，那嘉明，杨昕，等. 基于 DEM 光照晕渲模拟的梯田自动提取方法[J]. 地球信息科学学报，2017，19(6)：754-762.

[103] MICHELETTI N，CHANDLER J H，LANE S N. Structure from motion（SFM）photogrammetry[J]. British Society for Geomorphology，2015,2(2)：1-12.

[104] 陈晓勇，何海清，周俊超，等. 低空摄影测量立体影像匹配的现状与展望[J]. 测绘学报，2019，48(12)：1595-1603.

[105] 张祖勋，张剑清. 数字摄影测量学[M]. 2 版. 武汉：武汉大学出版社，2012.

[106] 吴炳灵. 数字摄影测量最小二乘影像匹配原理和精度分析[J]. 中国高新技术企业，2008(18)：141,146.

[107] MASRY S E. An Automatic method for height profile determination[J]. The Photogrammetric Record，1973，7(42)：728-730.

[108] ACKERMANN F. High precision digital image correlation[C]. Proceedings 39th Photogrammetric Week，1983：231-243.

[109] SMITH S M，BRADY J M. SUSAN—a new approach to low level image processing[J]. International Journal of Computer Vision，1997，23(1)：45-78.

[110] WAN X，LIU J G，YAN H S，et al. Illumination-invariant image matching for autonomous UAV localisation based on optical sensing[J]. ISPRS Journal of Photogrammetry and Remote Sensing，2016，119：198-213.

[111] CANNY J. A computational approach to edge detection[J]. Readings in Computer Vision，1987：184-203.

[112] 杨化超，姚国标，王永波. 基于 SIFT 的宽基线立体影像密集匹配[J]. 测绘学报，2011，40(5)：537-543.

[113] 梁焕青，谢意，付四洲. 颜色不变量与 AKAZE 特征相结合的无人机影像匹配算法[J]. 测绘学报，2017，46(7)：900-909.

[114] 程亮，龚健雅，宋小刚，杨晓霞. 面向宽基线立体影像匹配的高质量仿射不变特征提取方法[J]. 测绘学报，2008,37(1)：77-82.

[115] 耿娟,何成龙,刘宪鑫,等. 基于 CSIFT 特性的无人机影像匹配[J]. 国土资源遥感, 2016, 28(1): 93-100.

[116] LECUN Y, BENGIO Y, HINTON G. Deep learning[J]. Nature, 2015, 521(7553): 436-444.

[117] ZBONTAR J, LECUN Y. Computing the stereo matching cost with a convolutional neural network [C]//2015 IEEE Conference on Computer Vision and Pattern Recognition (CVPR), Boston, MA, USA, 2015: 1592-1599.

[118] SEKI A, POLLEFEYS M. SGM-Nets: Semi-global matching with neural networks [C]//2017 IEEE Conference on Computer Vision and Pattern Recognition (CVPR), 2017: 231-240.

[119] CHANG J R, CHEN Y S. Pyramid stereo matching network [C]//2018 IEEE Conference on Computer Vision and Pattern Recognition (CVDR), 2018: 5410-5418.

[120] 李德仁,李明. 无人机遥感系统的研究进展与应用前景[J]. 武汉大学学报(信息科学版), 2014, 39(5): 505-514.

[121] 杨国东,王民水. 倾斜摄影测量技术应用及展望[J]. 测绘与空间地理信息, 2016, 39(1): 13-15,18.

[122] 徐胜华,朱庆. 摄影测量三维重建中多源信息融合方法探讨[J]. 地理与地理信息科学, 2005, 21(6): 33-36.

[123] 朱庆,尚琪森,胡翰,等. 三角网模型多目标加权最短路径的特征线提取[J]. 西南交通大学学报, 2021, 56(1): 116-122.

[124] BEMIS S P, MICKLETHWAITE S, TURNER D, et al. Ground-based and UAV-Based photogrammetry: a multi-scale, high-resolution mapping tool for structural geology and paleoseismology[J]. Journal of Structural Geology, 2014, 69: 163-178.

[125] JAMES M R, ROBSON S. Mitigating systematic error in topographic models derived from UAV and ground-based image networks [J]. Earth Surface Processes and Landforms, 2014, 39(10): 1413-1420.

[126] MARKELIN L, HONKAVAARA E, NÄSI R, et al. Geometric processing workflow for vertical and oblique hyperspectral frame images collected using UAV[J]. International Archives of the Photogrammetry Remote Sensing and Spatial Information Sciences, 2014, XL-3(3).

[127] HARWIN S, LUCIEER A, OSBORN J. The impact of the calibration method on the accuracy of point clouds derived using unmanned aerial vehicle multi-view stereopsis[J].

Remote Sensing, 2015, 7(9): 11933-11953.

[128] CARBONNEAU P E, DIETRICH J T. Cost-effective non-metric photogrammetry from consumer-grade sUAS: implications for direct georeferencing of structure from motion photogrammetry[J]. Earth Surface Processes and Landforms, 2017, 42(3): 473-486.

[129] CARVAJAL-RAMÍREZ F, AGÜERA-VEGA F, MARTÍNEZ-CARRICONDO P J. Effects of image orientation and ground control points distribution on unmanned aerial vehicle photogrammetry projects on a road cut slope[J]. Journal of Applied Remote Sensing, 2016, 10(3): 034004.

[130] JAMES M R, ROBSON S, SMITH M W. 3-D uncertainty-based topographic change detection with structure-from-motion photogrammetry: precision maps for ground control and directly georeferenced surveys[J]. Earth Surface Processes and Landforms, 2017, 42(12): 1769-1788.

[131] ROSSI P, MANCINI F, DUBBINI M, et al. Combining nadir and oblique UAV imagery to reconstruct quarry topography: methodology and feasibility analysis[J]. European Journal of Remote Sensing, 2017, 50(1): 211-221.

[132] AGÜERA-VEGA F, CARVAJAL-RAMÍREZ F, MARTÍNEZ-CARRICONDO P, et al. Reconstruction of extreme topography from UAV structure from motion photogrammetry [J]. Measurement, 2018, 121: 127-138.

[133] SMITH M W, VERICAT D. From experimental plots to experimental landscapes: topography, erosion and deposition in sub-humid badlands from structure-from-motion photogrammetry [J]. Earth Surface Processes and Landforms, 2015, 40 (12): 1656-1671.

[134] NESBIT P, HUGENHOLTZ C. Enhancing UAV-SfM 3D model accuracy in high-relief landscapes by incorporating oblique images[J]. Remote Sensing, 2019, 11(3): 239.

[135] 容裕君. GPS PPK 技术在大比例尺地形图测绘中的应用[J]. 城市建筑, 2020, 17(29): 115-117.

[136] 任高升, 李明峰, 陈宁宁, 等. 无人机 PPK 技术支持下的河道测量与精度分析[J]. 测绘通报, 2021(3): 100-104.

[137] 胡勇, 何旭涛, 徐辉, 等. RTK 无人机在潮间带地形测量中的应用[J]. 地理空间信息, 2021, 19(4): 41-43,55.

[138] 尚海兴, 任超锋, 李祖锋, 等. 多旋翼无人机免像控点空三精度分析[J]. 工程勘察, 2020, 48(9): 52-56.

［139］尚海兴. 固定翼无人机非量测相机免像控点空三精度分析［J］. 测绘与空间地理信息，2020，43（10）：41-44，48.

［140］JAMES M R，ROBSON S，D'OLEIRE-OLTMANNS S，et al. Optimising UAV topographic surveys processed with structure-from-motion：Ground control quality，quantity and bundle adjustment［J］. Geomorphology，2017，280：51-66.

［141］杜智涛，杜晓勇，魏洪峰，等. 基于多源信息融合的气象无人机平台可靠性评估研究［J］. 测控技术，2013，32（2）：133-136.

［142］朱进，丁亚洲，牛科科，等. 无人机航测中飞前布控与飞后布控的比较与分析［J］. 科学技术与工程，2015，15（34）：128-132.

［143］张绍成，殷飞，明祖涛，等. 先验形变约束的实时动态载波相位差分变形监测［J］. 测绘科学，2020，45（11）：8-12.

［144］李治洪. GNSS系统在黄金峡坝肩边坡变形监测中的应用［J］. 人民黄河，2021，43（1）：125-128.

［145］李瑞峰，常乐，秦海. InSAR监测技术与水准测量技术对比研究［J］. 工程质量，2021，39（3）：72-76.

［146］郭保. GPS技术在水库大坝变形监测中的应用［J］. 测绘与空间地理信息，2020，43（12）：103-106.

［147］张驰，崔向新，王则宇. 基于DEM的沙丘地形变化分析［J］. 内蒙古水利，2018（5）：4-6.

［148］王清. 数字地形分析中表面积与体积计算的不确定性建模与分析［D］. 武汉：华中师范大学，2016.

［149］YANG D D，QIU H J，HU S，et al. Influence of successive landslides on topographic changes revealed by multitemporal high-resolution UAS-based DEM［J］. Catena，2021，202：105229.

［150］LIU X J，TANG G A，YANG J Y，et al. Simulating evolution of a loess gully head with cellular automata［J］. Chinese Geographical Science，2015，25（6）：765-774.

［151］曹敏，汤国安，张芳，等. 基于元胞自动机的黄土小流域地形演变模拟［J］. 农业工程学报，2012，28（22）：149-155.

［152］LANE S N，WESTAWAY R M，HICKS D M. Estimation of erosion and deposition volumes in a large，gravel-bed，braided river using synoptic remote sensing［J］. Earth surface processes and landforms，2003，28（3）：249-271.

［153］HECKMANN T，VERICAT D. Computing spatially distributed sediment delivery ratios: inferring functional sediment connectivity from repeat high-resolution digital elevation models[J]. Earth Surface Processes and Landforms, 2018, 43(7): 1547-1554.

[154] ANDERSON S W. Uncertainty in quantitative analyses of topographic change: error propagation and the role of thresholding[J]. Earth Surface Processes and Landforms, 2019, 44(5): 1015-1033.

[155] 武汉大学测绘学院测量平差学科组. 误差理论与测量平差基础[M]. 武汉: 武汉大学出版社, 2014.

[156] TAYLOR J. Introduction to error analysis: the study of uncertainties in physical measurements[M]. New York: University Science Books, 1997.

[157] 李斌兵, 黄磊, 冯林, 等. 基于点云数据的切沟泥沙负载量不确定性研究[J]. 农业工程学报, 2014, 30(17): 183-191.

[158] ROLSTAD C, HAUG T, DENBY B. Spatially integrated geodetic glacier mass balance and its uncertainty based on geostatistical analysis: application to the western Svartisen ice cap, Norway[J]. Journal of Glaciology, 2009, 55(192): 666-680.

[159] 殷硕文, 邵茜. 基于地形匹配的 InSAR 地形变化检测方法研究[J]. 武汉大学学报(信息科学版), 2010, 35(1): 118-121.

[160] TOMIYAMA N, KOIKE K, OMURA M. Detection of topographic changes associated with volcanic activities of Mt. Hossho using D-InSAR[J]. Advances in Space Research, 2004, 33(3): 279-283.

[161] 董雅竹, 谭颖, 张朋辉, 等. 利用 PS-InSAR 研究合肥地区活动构造变形[J]. 地球物理学进展, 2021, 36(5): 1822-1833.

[162] LYU M Y, KE Y H, LI X J, et al. Detection of seasonal deformation of highway overpasses using the PS-InSAR technique: a case study in Beijing urban area[J]. Remote Sensing, 2020, 12(18): 3071.

[163] 许强, 蒲川豪, 赵宽耀, 等. 延安新区地面沉降时空演化特征时序 InSAR 监测与分析[J]. 武汉大学学报(信息科学版), 2021, 46(7): 957-969.

[164] SHI M Y, YANG H L, WANG B C, et al. Improving boundary constraint of probability integral method in SBAS-InSAR for deformation monitoring in mining areas [J]. Remote Sensing, 2021, 13(8): 1497.

[165] 郭延辉, 杨溢, 杨志全, 等. 国产 GB-InSAR 在特大型水库滑坡变形监测中的应用[J]. 中国地质灾害与防治学报, 2021, 32(2): 66-72.

[166] 孙建宝, 梁芳, 沈正康, 等. 汶川 M_S8.0 地震 InSAR 形变观测及初步分析[J]. 地震

地质，2008,30(3)：789-795.

[167] 汤国安. 我国数字高程模型与数字地形分析研究进展[J]. 地理学报，2014，69(9)：1305-1325.

[168] WILSON J P. Geomorphometry：Today and Tomorrow[J]. PeerJ Preprints，2018，6：e27197v1.

[169] WILSON J P, GALLANT J C. Terrain analysis：principles and applications[M]. New York：John Wiley & Sons，2000.

[170] 汤国安，李发源，刘学军. 数字高程模型教程[M]. 2版.北京：科学出版社，2010.

[171] EKLUNDH L, MARTENSSON U. Rapid generation of digital elevation models from topographic maps[J]. International Journal of Geographical Information Systems，1995，9(3)：329-340.

[172] 唐新明，李涛，高小明，等. 雷达卫星自动成图的精密干涉测量关键技术[J]. 测绘学报，2018，47(6)：730-740.

[173] 蒋桂美，聂倩，陈小松. 利用机载激光点云数据生产 DEM 的关键技术分析[J]. 测绘通报，2017(6)：90-93.

[174] 王春，刘学军，汤国安，等. 格网 DEM 地形模拟的形态保真度研究[J]. 武汉大学学报(信息科学版)，2009，34(2)：146-149.

[175] 龚健雅. GIS 中矢量栅格一体化数据结构的研究[J]. 测绘学报，1992(4)：259-266.

[176] 周波，刘学军，徐俊波. 顾及地形特征语义约束的高保真地形建模方法探索[J]. 地理与地理信息科学，2017，33(1)：8-12.

[177] 王春，李伟涛，顾留碗，等. 渐变与突变地形的一体化高保真数字建模技术[C]//中国地理学会 2009 百年庆典学术大会. 北京：中国地理学会,2009.

[178] 王耀革，朱长青，王志伟. 基于 Coons 曲面的规则格网 DEM 表面模型[J]. 测绘学报，2008,37(2)：217-222.

[179] 祝士杰，汤国安，李发源，等. 基于 DEM 的黄土高原面积高程积分研究[J]. 地理学报，2013，68(7)：921-932.

[180] 汤国安，赵牡丹，李天文，等. DEM 提取黄土高原地面坡度的不确定性[J]. 地理学报，2003,58(6)：824-830.

[181] KIM S J, KIM C H, LEVIN D. Surface simplification using a discrete curvature norm[J]. Computers & Graphics，2002，26(5)：657-663.

[182] JENSON S K. Applications of hydrologic information automatically extracted from digital elevation models[J]. Hydrological Processes，1991，5(1)：31-44.

[183] QIN C, ZHU A X, PEI T, et al. An adaptive approach to selecting a flow-partition exponent for a multiple-flow-direction algorithm [J]. International Journal of Geographical Information Science, 2007, 21(4): 443-458.

[184] QIN C Z, ZHAN L. Parallelizing flow-accumulation calculations on graphics processing units—From iterative DEM preprocessing algorithm to recursive multiple-flow-direction algorithm[J]. Computers & Geosciences, 2012, 43: 7-16.

[185] 王玲, 吕新. 基于 DEM 的新疆地势起伏度分析[J]. 测绘科学, 2009, 34(1): 113-116.

[186] 张宏鸣, 杨勤科, 李锐, 等. 流域分布式侵蚀学坡长的估算方法研究[J]. 水利学报, 2012, 43(4): 437-444.

[187] 秦承志, 李宝林, 朱阿兴, 等. 水流分配策略随下坡坡度变化的多流向算法[J]. 水科学进展, 2006, 17(4): 450-456.

[188] 王春, 王占宏, 李鹏, 等. DEM 地形可视化自增强技术[J]. 地理信息世界, 2009, 7(1): 38-45.

[189] 王轲, 王玲, 张青峰, 等. 地形开度和差值图像阈值分割原理相结合的黄土高原沟沿线提取法[J]. 测绘学报, 2015, 44(1): 67-75.

[190] SØRENSEN R, SEIBERT J. Effects of DEM resolution on the calculation of topographical indices: TWI and its components[J]. Journal of Hydrology, 2007, 347(1-2): 79-89.

[191] 高晨烨, 张宽地, 杨明义. 基于无量纲水流强度指标的坡面流输沙能力计算方法[J]. 农业工程学报, 2018, 34(17): 134-142.

[192] ZHANG H M, YANG Q K, LI R, et al. Extension of a GIS procedure for calculating the RUSLE equation LS factor[J]. Computers & Geosciences, 2013, 52: 177-188.

[193] 杨昕, 汤国安, 王雷. 基于 DEM 的山地总辐射模型及实现[J]. 地理与地理信息科学, 2004, 20(5): 41-44.

[194] 周启明, 刘学军. 数字地形分析[M]. 北京: 科学出版社, 2006.

[195] HU G, DAI W, LI S, et al. A vector operation to extract second-order terrain derivatives from digital elevation models[J]. Remote Sensing, 2020, 12(19): 3134.

[196] CHEN Y M, ZHOU Q M, LI S, et al. The simulation of surface flow dynamics using a flow-path network model[J]. International Journal of Geographical Information Science, 2014, 28(11): 2242-2260.

[197] ZHOU Q, PILESJÖ P, CHEN Y. Estimating surface flow paths on a digital elevation

model using a triangular facet network[J]. Water Resources Research，2011，47(7).

[198] 熊礼阳，汤国安，宴实江. 基于 DEM 的山地鞍部点分级提取方法[J]. 测绘科学，2013，38(2)：181-183.

[199] 仲腾，汤国安，周毅，等. 基于反地形 DEM 的山顶点自动提取[J]. 测绘通报，2009(4)：35-37.

[200] 闾国年，钱亚东，陈钟明. 基于栅格数字高程模型自动提取黄土地貌沟沿线技术研究[J]. 地理科学，1998，18(6)：567-573.

[201] 陈永刚，汤国安，周毅，等. 基于多方位 DEM 地形晕渲的黄土地貌正负地形提取[J]. 地理科学，2012，32(1)：105-109.

[202] 朱红春，李永胜，汤国安. 面向沟谷特征点簇的空间结构模型与应用[J]. 地球信息科学学报，2014 (5)：707-711.

[203] LI J W，XIONG L Y，TANG G A. Combined gully profiles for expressing surface morphology and evolution of gully landforms[J]. Frontiers of Earth Science，2019，13(3)：551-562.

[204] LI M Y，YANG X，NA J M，et al. Regional topographic classification in the North Shaanxi Loess Plateau based on catchment boundary profiles[J]. Progress in Physical Geography，2017，41(3)：302-324.

[205] 周成虎，程维明，钱金凯，等. 中国陆地 1：100 万数字地貌分类体系研究[J]. 地球信息科学学报，2009，11(6)：707-724.

[206] 李小曼，王刚. 黄土丘陵沟壑区地形分类方法的研究[J]. 测绘科学，2009，34(3)：132-133.

[207] 沈玉昌，苏时雨，尹泽生. 中国地貌分类、区划与制图研究工作的回顾与展望[J]. 地理科学，1982，2(2)：97-105.

[208] 胡章喜，沈继方. 岩溶形态系统的分形特征及其机理探讨[J]. 地球科学，1994(1)：102-107.

[209] 汤国安，那嘉明，程维明. 我国区域地貌数字地形分析研究进展[J]. 测绘学报，2017，46(10)：1570-1591.

[210] 田丹，刘爱利，丁浒，等. 地貌形态类型面向对象分类法的改进[J]. 地理与地理信息科学，2016，32(2)：46-50，封 2.

[211] 程维明，周成虎. 多尺度数字地貌等级分类方法[J]. 地理科学进展，2014，33(1)：23-33.

[212] 汤国安，赵牡丹，曹菡. DEM 地形描述误差空间结构分析[J]. 西北大学学报（自然科

学版），2000(4)：349-352.

[213] 贾敦新，汤国安，王春，等. DEM 数据误差与地形描述误差对坡度精度的影响[J]. 地球信息科学学报，2009，11(1)：43-49.

[214] MILAN D J，HERITAGE G L，LARGE A R G，et al. Filtering spatial error from DEMs：Implications for morphological change estimation[J]. Geomorphology，2011，125(1)：160-171.

[215] ZHOU Q，LIU X. Analysis of errors of derived slope and aspect related to DEM data properties[J]. Computers & Geosciences，2004，30(4)：369-378.

[216] ZHOU Q，LIU X. Error analysis on grid-based slope and aspect algorithms[J]. Photogrammetric Engineering & Remote Sensing，2004，70(8)：957-962.

[217] ZHOU Q，LIU X. Error assessment of grid-based flow routing algorithms used in hydrological models[J]. International Journal of Geographical Information Science，2002，16(8)：819-842.

[218] LASHERMES B，FOUFOULA-GEORGIOU E，DIETRICH W E. Channel network extraction from high resolution topography using wavelets[J]. Geophysical Research Letters，2007，34(23)：L23S04.

[219] TURCOTTE R，FORTIN J P，ROUSSEAU A N，et al. Determination of the drainage structure of a watershed using a digital elevation model and a digital river and lake network[J]. Journal of Hydrology，2001，240(3-4)：225-242.

[220] 刘高焕，刘俊卫，朱会义. 基于 GIS 的小流域地块单元划分与汇流网络计算[J]. 地理科学进展，2002，21(2)：139-145.

[221] 李忠武，黄金权，李裕元，等. 基于 GIS 的南方红壤丘陵区小流域汇流网络提取研究[J]. 水土保持研究，2009，16(6)：84-87,91.

[222] 鲍伟佳，程先富，陈旭东. DEM 水平分辨率对流域特征提取的影响分析[J]. 水土保持研究，2011，18(2)：129-132,138.

[223] 朱红春，汤国安，吴良超，等. 基于地貌结构与汇水特征的沟谷节点提取与分析——以陕北黄土高原为例[J]. 水科学进展，2012，23(1)：7-13.

[224] 王存荣，冉大川. 三川河流域水沙变化水文分析[J]. 水土保持通报，2002，22(6)：15-19.

[225] 刘昌明，李道峰，田英，等. 基于 DEM 的分布式水文模型在大尺度流域应用研究[J]. 地理科学进展，2003，22(5)：437-445.

[226] 周廷儒，刘培桐. 中国的地形和土壤概述[M]. 北京：三联书店，1956.

［227］孙孝林，赵玉国，秦承志，等. DEM栅格分辨率对多元线性土壤—景观模型及其制图应用的影响［J］. 土壤学报，2008，45(5)：971-977.

［228］傅伯杰，赵文武，陈利顶，等. 多尺度土壤侵蚀评价指数［J］. 科学通报，2006，51 (16)：1936-1943.

［229］郑粉莉，王占礼，杨勤科. 我国土壤侵蚀科学研究回顾和展望［J］. 自然杂志，2008，30(1)：12-16,6,彩3.

［230］刘宝元. 土壤侵蚀预报模型［M］. 北京：中国科学技术出版社，2001.

［231］TAROLLI P, SOFIA G, DALLA F G. Geomorphic features extraction from high-resolution topography：landslide crowns and bank erosion［J］. Natural Hazards, 2012, 61 (1)：65-83.

［232］VAN DEN EECKHAUT M, POESEN J, VERSTRAETEN G, et al. The effectiveness of hillshade maps and expert knowledge in mapping old deep-seated landslides［J］. Geomorphology, 2005, 67(3-4)：351-363.

［233］HASEGAWA S, DAHAL R K, NISHIMURA T, et al. DEM-based analysis of earthquake-induced shallow landslide susceptibility［J］. Geotechnical and Geological Engineering, 2009, 27(3)：419-430.

［234］DOU J, YUNUS A P, TIEN B D, et al. Evaluating GIS-based multiple statistical models and data mining for earthquake and rainfall-induced landslide susceptibility using the LiDAR DEM［J］. Remote Sensing, 2019, 11(6)：638.

［235］FIKOS I, ZIANKAS G, RIZOPOULOU A, et al. Water balance estimation in Anthemountas river basin and correlation with underground water level［J］. Global Nest：The International Journal, 2005, 7(3)：354-359.

［236］田帅帅，赵艳玲，李亚龙. 高潜水位矿区采煤沉陷地DEM的无人机构建方法［J］. 测绘通报，2018(3)：98-101.

［237］欧阳自远. 月球科学概论［M］. 北京：中国宇航出版社，2005.

［238］贺文慧，杨昕，汤国安，等. 基于数字高程模型的城市地表开阔度研究——以南京老城区为例［J］. 地球信息科学学报，2012，14(1)：94-100.

［239］刘东生. 中国的黄土堆积［M］. 北京：科学出版社，1965.

［240］罗来兴. 划分晋西、陕北、陇东黄土区域沟间地与沟谷的地貌类型［J］. 地理学报，1956，22(3)：201-222.

［241］崔灵周. 流域降雨侵蚀产沙与地貌形态特征耦合关系研究［D］. 咸阳：西北农林科技大学，2002.

［242］王雷. 黄土高原小流域侵蚀沟道空间频谱分析［D］. 北京：中国科学院大学，2013.

［243］徐佳. 27000 年以来秦安黄土沉积速率研究［D］. 北京：中国科学院大学，2015.

［244］国家测绘局. 低空数字航空摄影规范：CH/Z 3005—2010［S］. 北京：测绘出版社，2010.

［245］张华海. GPS 测量原理及应用［M］. 3 版. 武汉：武汉大学出版社，2008.

［246］TURNER D，LUCIEER A，WALLACE L. Direct georeferencing of ultrahigh-resolution UAV imagery［J］. IEEE Transactions on Geoscience and Remote Sensing，2014，52(5)：2738-2745.

［247］FIRDAUS M I，RAU J Y. Comparisons of the three-dimensional model reconstructed using MicMac，PIX4D mapper and PhotoScan Pro［C］//New Delhi，India 38th Asian Conference on Remote Sensing (ACRS 2017)：2001-2007.

［248］国家测绘局. 基础地理信息数字成果 1∶500、1∶1000、1∶2000 数字高程模型：CH/T 9008.2—2010［S］. 北京：测绘出版社，2010.

［249］BEVEN K，BINLEY A. The future of distributed models：model calibration and uncertainty Prediction［J］. Hydrological Processes，1992，6(3)：279-298.

［250］CURRAN P J. The semivariogram in remote sensing：an introduction［J］. Remote Sensing of Environment，1988，24(3)：493-507.

［251］舒彦军，张立亭. 求解半变异函数的常用方法与新方法研究［J］. 测绘与空间地理信息，2012，35(5)：24-27.

［252］高海东. 黄土高原丘陵沟壑区沟道治理工程的生态水文效应研究［D］. 北京：中国科学院大学，2013.

［253］刘青泉，李家春，陈力，等. 坡面流及土壤侵蚀动力学（Ⅰ）——坡面流［J］. 力学进展，2004，34(3)：360-372.

［254］JIA Y F，WANG S S Y. Numerical model for channel flow and morphological change studies［J］. Journal of Hydraulic Engineering，1999，125(9)：924-933.

［255］吴长文，陈法扬. 坡面土壤侵蚀及其模型研究综述［J］. 南昌水专学报，1994(2)：1-11.

［256］JENSON S K，DOMINGUE O. Extracting topographic structure from digital elevation data for geographic information system analysis［J］. Photogrammetric Engineering and Remote Sensing，1988，54(11)：1593-1600.

［257］QUINN P，BEVEN K，CHEVALLIER P，et al. The prediction of hillslope flow paths for distributed hydrological modelling using digital terrain models［J］. Hydrological

Processes，1991，5(1)：59-79.

[258] NELSON J M，SMITH J D. Flow in meandering channels with natural topography [M]//River Meandering，1989：69-102.

[259] VETSCH D，SIVIGLIA A，EHRBAR D，et al. System Manuals of BASEMENT，Version 2.7[CP]. Laboratory of Hydraulics，Glaciology and Hydrology (VAW)，ETH Zurich，2017.

[260] INGHAM D B，MA L. Fundamental equations for CFD in river flow simulations[M]. BATES P D，LANE S N，FERGUSON R I. Computational Fluid Dynamics. Applications in Environmental Hydraulics. Chichester，England：Wiley，2005.

[261] PARKER G，TORO-ESCOBAR C M，Ramey M，et al. Effect of floodwater extraction on mountain stream morphology[J]. Journal of Hydraulic Engineering，2003，129(11)：885-895.

[262] MIEDEMA S A. Constructing the Shields Curve：Part C—Cohesion by Silt，Hjulstrom，Sundborg[C] //ASME 2013 32nd International Conference on Ocean，Offshore and Arctic Engineering，2013，55409：V006T10A023.

[263] NI Y F，CAO Z X，LIU Q，et al. A 2D hydrodynamic model for shallow water flows with significant infiltration losses [J]. Hydrological Processes，2020，34 (10)：2263-2280.

[264] RICHARD H. Open-channel hydraulics[M]. New York：McGraw-Hill，1985.

[265] AL-HASHEMI H M B，AL-AMOUDI O S B. A review on the angle of repose of granular materials[J]. Powder Technology，2018，330：397-417.

[266] BALAGUER-PUIG M，MARQUÉS-MATEU Á，LERMA J L，et al. Estimation of small-scale soil erosion in laboratory experiments with Structure from Motion photogrammetry[J]. Geomorphology，2017，295：285-296.

[267] LINDSAY J B，ASHMORE P E. The effects of survey frequency on estimates of scour and fill in a braided river model[J]. Earth Surface Processes and Landforms，2002，27 (1)：27-43.

[268] MILAN D J，HERITAGE G L，HETHERINGTON D. Application of a 3D laser scanner in the assessment of erosion and deposition volumes and channel change in a proglacial river[J]. Earth Surface Processes and Landforms，2007，32(11)：1657-1674.

[269] 王云强. 黄土高原地区土壤干层的空间分布与影响因素[D]. 北京：中国科学院研究生院，2010.

［270］何福红，高丙舰，王焕芝，等. 基于 GIS 的侵蚀冲沟与地貌因子的关系［J］. 地理研究，2013，32(10)：1856-1864.

［271］RAO C R. Linear statistical inference and its applications［M］. 2nd. New York：Wiley，1973.

［272］NAJAFI S，DRAGOVICH D，HECKMANN T，et al. Sediment connectivity concepts and approaches［J］. Catena，2021，196(1)：104880.

［273］NICOLL T，BRIERLEY G. Within-catchment variability in landscape connectivity measures in the Garang catchment，upper Yellow River［J］. Geomorphology，2017，277 (15)：197-209.

［274］BRACKEN L J，CROKE J. The concept of hydrological connectivity and its contribution to understanding runoff-dominated geomorphic systems［J］. Hydrological Processes，2007，21(13)：1749-1763.

［275］蔡强国，范昊明. 泥沙输移比影响因子及其关系模型研究现状与评述［J］. 地理科学进展，2004，23(5)：1-9.

［276］张光辉. 从土壤侵蚀角度诠释泥沙连通性［J］. 水科学进展，2021，32(2)：295-308.

［277］张意奉，焦菊英，唐柄哲，等. 特大暴雨条件下小流域沟道的泥沙连通性及其影响因素——以陕西省子洲县为例［J］. 水土保持通报，2019，39(1)：302-309.

［278］SOFIA G，MARINELLO F，TAROLLI P. A new landscape metric for the identification of terraced sites：the Slope Local Length of Auto-Correlation（SLLAC）［J］. ISPRS Journal of Photogrammetry and Remote Sensing，2014，96：123-133.

［279］CAO W F，SOFIA G，TAROLLI P. Geomorphometric characterisation of natural and anthropogenic land covers［J］. Progress in Earth and Planetary Science，2020，7(1)：1-17.